私たちコプロスは
山口県下関市に本社を置く、
「メーカー型総合建設業」です。

私たちがつくっているものは3つ。1つが「まち」。

ダム・道路・橋梁・トンネル・
宅地造成などを手掛ける土木工事

建築部門が手掛ける建造物は種類、規模を問わない

とくに自社で開発した、世界的に評価の高い技術「ケコム」は、日本中のまちづくりを支えています。

ケコム部門は全国で活躍

太陽光発電

ケコムの技術などを使った発電により地球にやさしい環境づくりを
進めています。

ケコムの技術から生まれたバイオマス発電

そして私たちがここ10年で力を入れているのが
「人」づくりです。

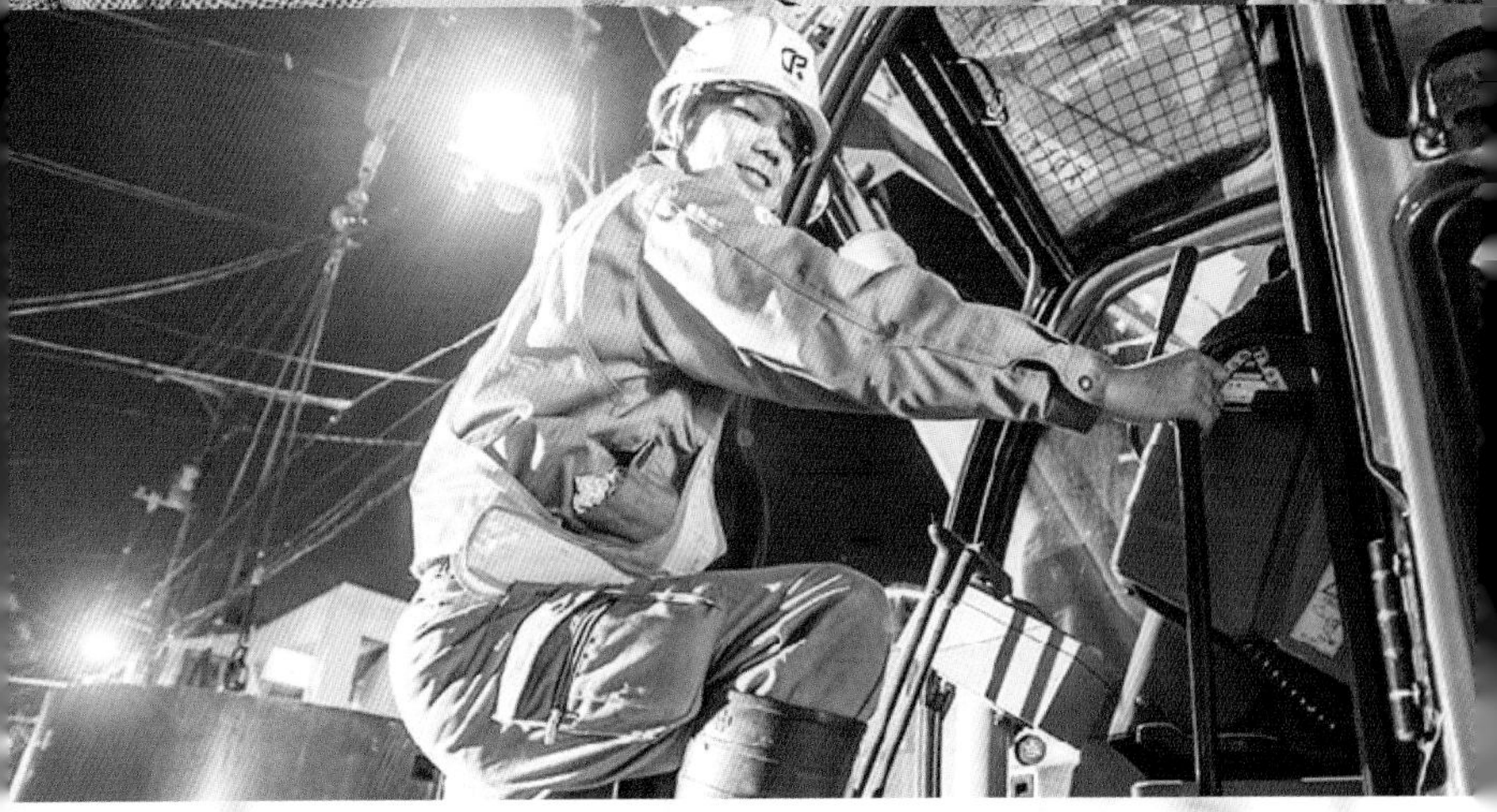

社員の 3 分の 1 が 20 代

人の成長こそが会社の成長につながると考え、さまざまな社員教育、

価値観を揃える朝礼

年度の方針を共有する経営計画発表会

IT・DXを活用して生産性を大幅に向上

そして——

整理・整頓・清掃・清潔を徹底する環境整備

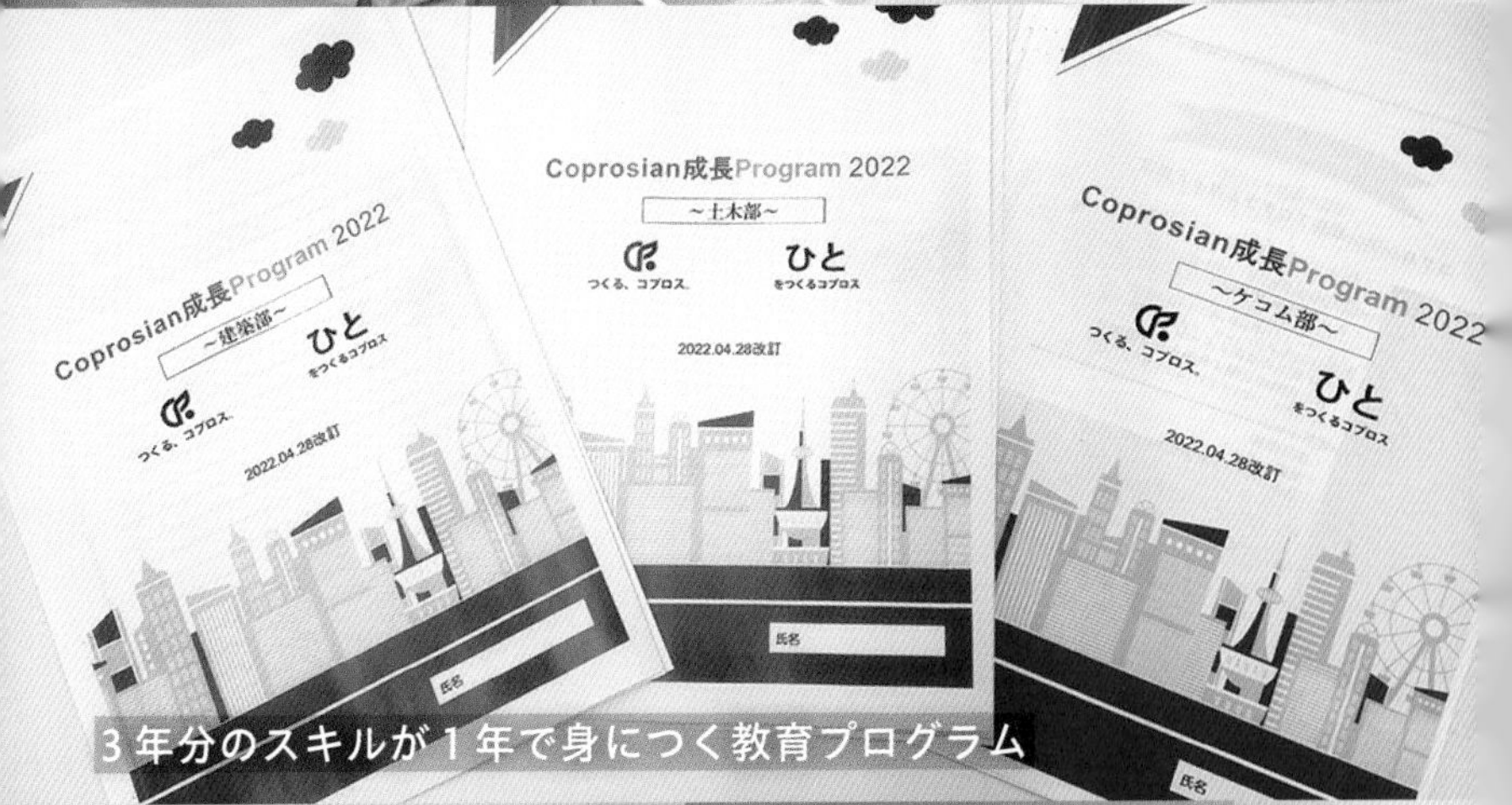

3年分のスキルが1年で身につく教育プログラム

上司以外の先輩が後輩を育てるメンター制度

働きやすい環境づくりに取り組んでいます。

懇親会はコミュニケーションをよくする仕組み

環境整備で仕事が安全かつやりやすくなる

働きやすいオフィス環境が生産性アップにつながる

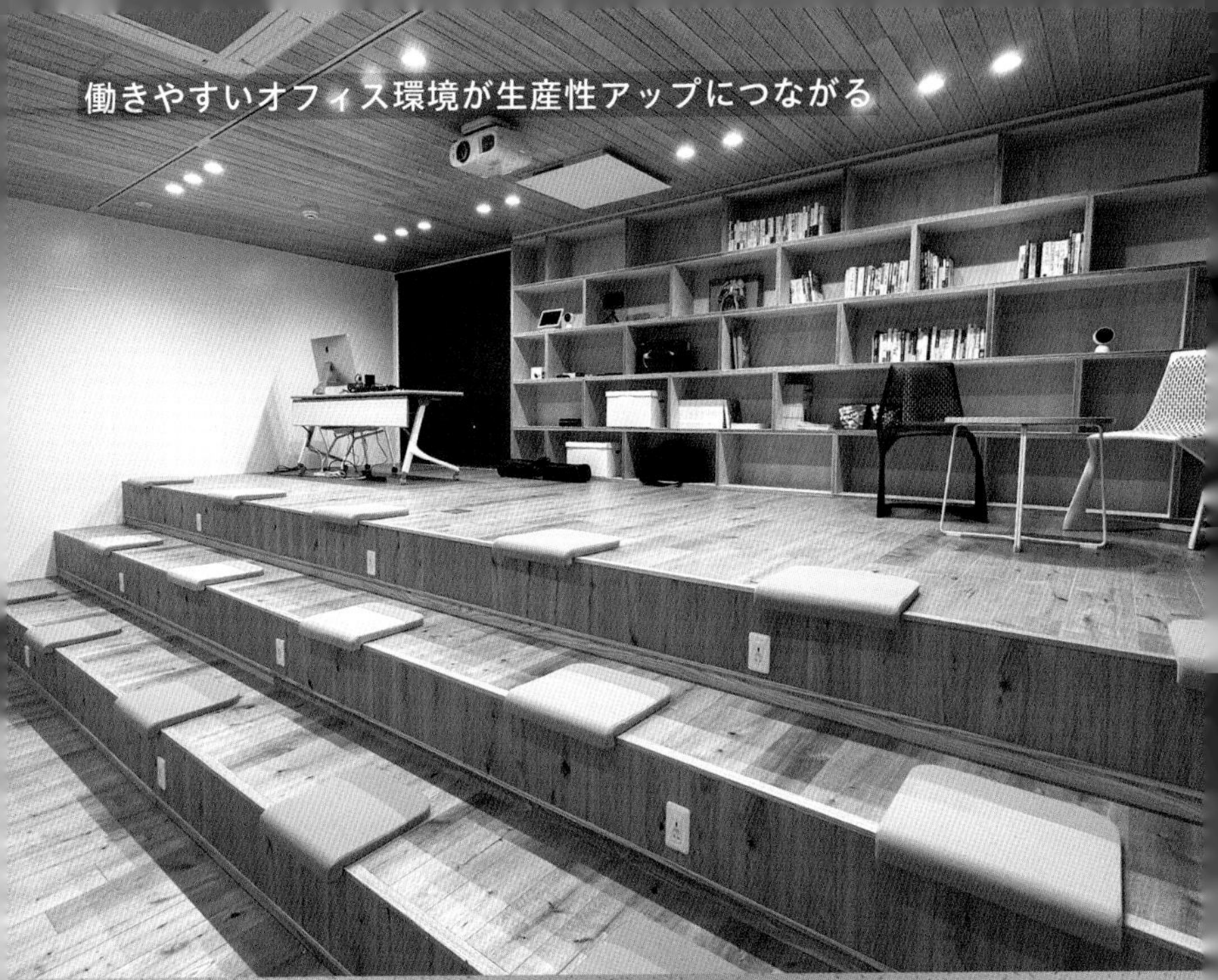

早帰り促進で残業は、事務系部門ではほぼゼロ、
技術系部門でも30時間程度

その結果、利益は10年で2倍！

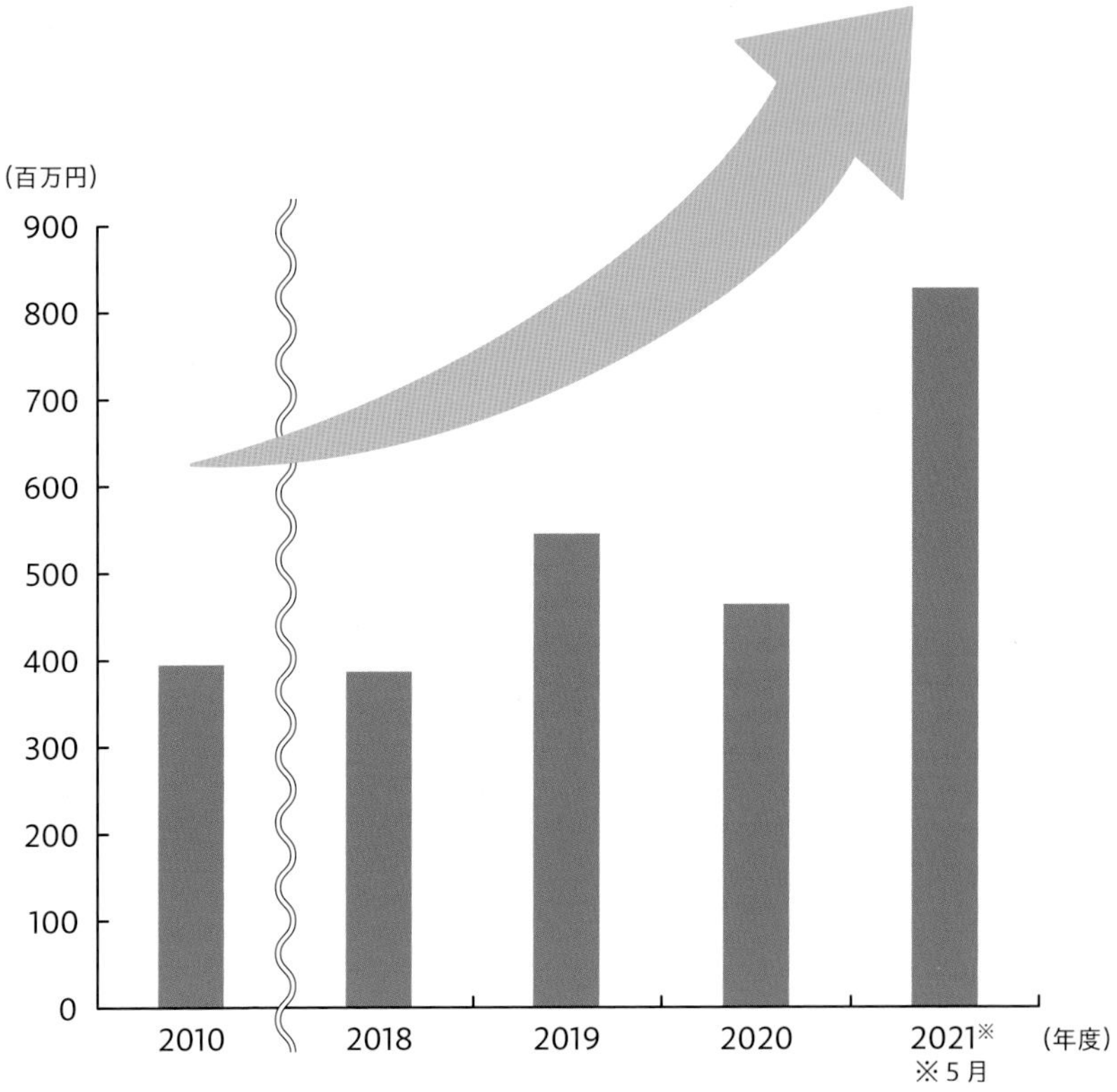
（百万円）
900
800
700
600
500
400
300
200
100
0
2010
2018
2019
2020
2021※
※５月
（年度）

コプロスの利益推移

社員発の新しい事業も生まれ始めています。

人材教育・派遣事業である「STC」

今や「人」はコプロスの大きな武器となっています。

民間 BtoB 建築の専門ブランド
「the workplace」

人をつくる私たちの
人材戦略をご紹介します。

採用、教育、環境づくりで利益2倍!

会社が

変わる人づくり

株式会社コプロス
代表取締役社長
宮﨑 薫

あさ出版

はじめに

●世界で評価される技術を武器に厳しい競争を勝ち抜く

私が社長を務める株式会社コプロスは、1946（昭和21）年に創業した、70年以上の歴史を持つ山口県下関市の総合建設会社（ゼネコン）です。社員数は113名（2022年11月現在）。県内では中の上くらいの規模の会社です。

当社の特徴を一言で言うならば、土木と建築を手掛ける「総合建設業」としての顔と、技術や設備の開発に取り組む「メーカー」としての顔を併せ持つ**「メーカー型総合建設業」**であること。

土木建設業とメーカーは、本来はまったく別の職種です。その両方の事業を手掛けるのは、全国区の大手ゼネコンでは特別なことではありませんが、当社のような地場タイプの土木建設会社ではかなり珍しい。

それゆえに「メーカー型総合建設業」というポジションは、当社の最大の特徴であり、地域の同業他社と差別化を図るための「強み」だといえます。

さらに、コプロスの「顔」となっているのが、**「ケコム工法」**です。

これは、1984年に、先代の社長である私の父が開発した工法です。どんなものかというと、土木工事には欠かせない「穴を掘る」ための技術です。機械を用いて鋼管を地中に圧入し、土砂を掘削し、立抗（垂直の坑道）を構築する。こうした方法をとることで、全工程で時短ができるほか、工事の際の振動や騒音などの抑制、さらに工事の安全性の確保が可能になります。

この工法は、画期的な工法で、国内の権威ある賞に加え、**世界的な賞である国際非開削技術協会のNO-DIG賞**までいただき、土木建設業界で大きく注目されました。その結果、当社には、大手ゼネコンをはじめ、全国の建設会社から多数の施工依頼が寄せられるようになりました。コプロスの名前は土木建設業界において、一躍、全国で知られるようになったわけです。

その後、ケコム工法を模した工法がいくつか生まれましたが、それでも本家本元の強さを発揮し、現在もケコム工法は、当社の稼ぎ頭となっています。

なお、「ケコム」の名称は、「共栄・ケーシング・ミニ・モール」の略（ＫＣＭＭで「ケコム」）。当時の社名であった「共栄土建」からとって名付けられました。

「メーカー型総合建設業」というポジションと、「ケコム工法」という強力な商品によって、当社は、土木建設業界の厳しい競争を生き抜いてきました。

もちろん、つねに順風満帆だったわけではありません。多額の融資を受けて新製品を開発したものの まったく売れなかったり、小泉政権下の構造改革で公共工事が激減したこともありました。

資金繰りに苦しんで、毎晩、寝汗が止まらず、一晩でＴシャツを何枚も替えていた時期もありました。

当時、相談をした方からは**「私のところに今までに来た社長のなかで一番暗い顔をしていた」**と言われる有様でした。

ケコム工法はコプロスの看板商品

●コプロスの新しい武器は「人材」

そうした厳しい時期を経験する一方で、当社はこの10年の間に、新しい「武器」を手に入れました。

それが**「人」**です。

「人づくり」、さらに彼らが働く職場の**「環境づくり」**について改善を繰り返してきた結果、現在、コプロスでは、社員一人ひとりが利益をもたらす存在になってきています。まさにそれぞれの社員が会社にとって「人財」になっているのです。

それに比例するように、**会社の利益もこの10年で2倍に**なりました。

ここ数年、土木建設業界は好況が続いています。

背景には、東日本大震災の復興需要から始まり、多発する地震や風水害の増加等を受けての国土強靭化への動き、インフラの老朽化に伴うメンテナンス需要の増大、さらには東京オリンピック・パラリンピック向けの建設ラッシュなどもありました。

ただ、だからといって土木建設業界が抱えるさまざまな問題が、それによって解消人づくりで10年で利益２倍に成長！

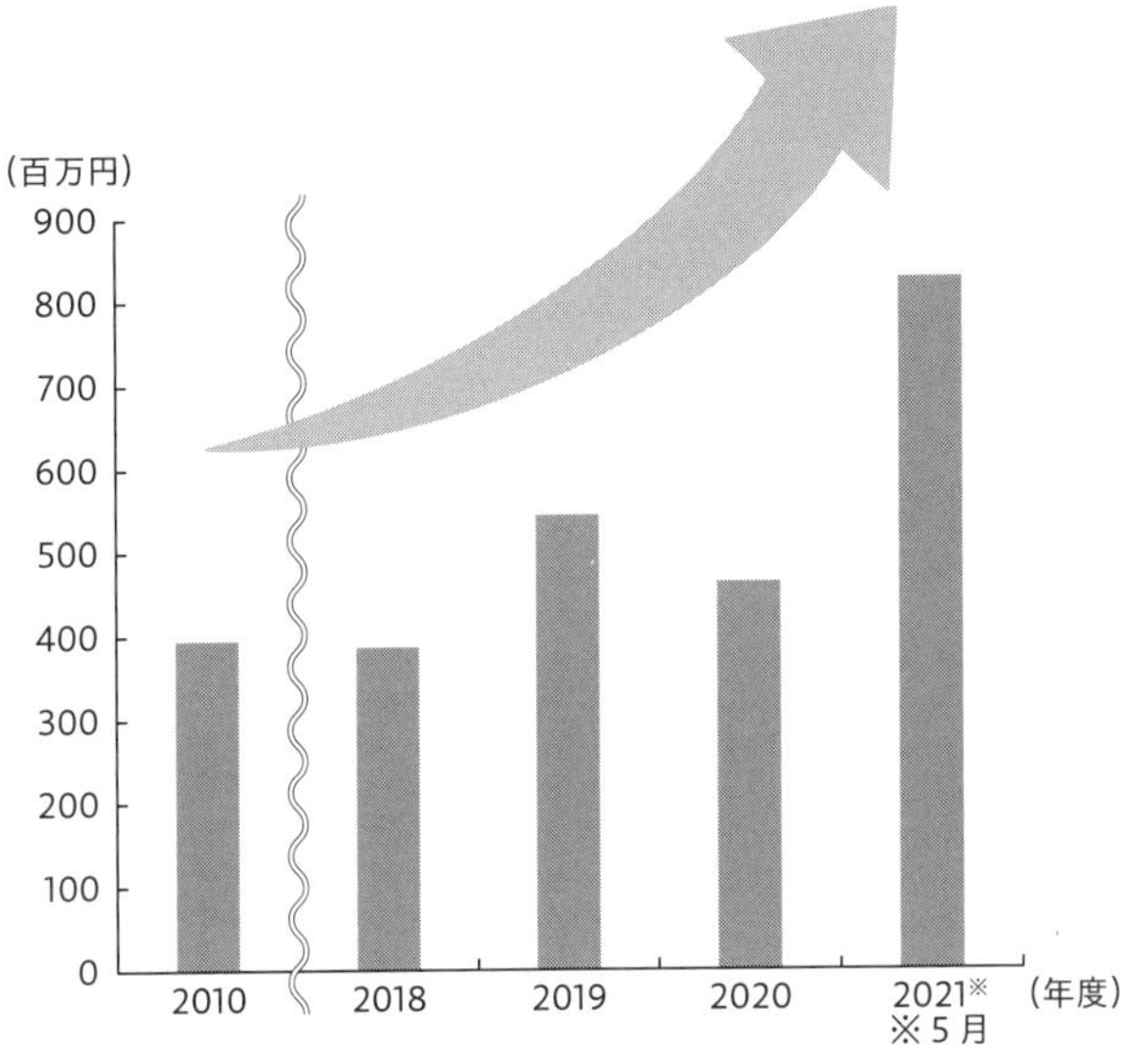

コプロスの利益推移

できているわけではありません。むしろ「建設バブル」の中、対応が後手に回ってしまい、さまざまな問題が悪化しているともいえます。

そうした問題の1つが、慢性的な人手不足と、加速する高齢化です。

高齢化でいえば、建設業就業者のうち、55歳以上は約36％、29歳以下が約12％。20代以下よりも50代以上が圧倒的に多くなっています（国土交通省、２０２１年）。

数年後にこの50代以上の人たちが引退してしまえば、土木建設業の人手不足は今以上にかなり深刻になるのは確実です。そして、そうした状況の到来は、すぐそこに迫っています。

さらに、土木建設業界の抱える問題として、こうした人手不足の大きな要因となっている労働環境のネガティブなイメージ、というのもあります。土木建設業界といえば、「きつい・汚い・危険」といういわゆる3Kが、一般的なイメージでしょう。実際、残念ながら多くの会社において、これは「事実」です。また、「長時間労働」というイメージもまんざら嘘ではありません。

こうした労働環境を改善していかない限り、若い人たちを土木建設業に引き付けるのは困難です。そして、若い人たちが集まってこなければ、土木建設業に未来はないといっても過言ではないでしょう。

当社では、これらの「問題」にきちんと対処していくことが、会社がこの先も生き残っていくために不可避だと考え、10年ほど前から、「人づくり」と「働きやすい環境づくり」に取り組んできました。

さまざまな社員教育を実施し、社内のコミュニケーションを活性化する仕組みをつくり、さらに、人を増やし、組織の若返りを図るべく、２０１４年からは大学の新卒の採用活動もスタートさせました。現在では**新卒で入社した社員は35名。全体の3割**を占めます。

その結果、この10年で社員、そして彼らが働く職場環境は大きく変わりました。

●会社も、人も変わることができる

かつてのコプロスは、決して明るい雰囲気の会社ではなかったと思います。当社も他社と同様に人手不足が深刻で、それによる疲労感に会社全体が包まれていました。今はその状態から180度変わった印象です。

職場で社員たちの笑顔を見る機会が格段に増えただけでなく、以前よりも、一人ひとりが仕事を楽しんでいるように感じます。

社員たちの働きやすさを象徴するのが残業時間です。

月平均60時間あった残業時間は、現在、事務系の部門では**ゼロ**、技術系の部門では**30時間**と大幅に削減されました。

社内のコミュニケーションも格段によくなっています。

社長である私自身、社員と会話することが増えました。気軽に冗談を言い合ったりすることもあります。そんなことは、以前の私には考えられないことでした。人が変わり、会社が変わった。**会社も、人も変わることができる**のです。

こうした状況を目の当たりにすると、コプロスという会社が、10年で利益が2倍の成長を実現できているのは、「人をつくる人材戦略」のおかげであると感じています。

では、会社の成長を生み出す「人づくり」や「働きやすい環境づくり」とはどのようなものか。

それらについて、これからご紹介していきます。

本書が人材の育成に悩まれる方、働きやすい会社を探されている方、そのような方々のお役に立つことができれば幸いです。

株式会社コプロス代表取締役社長
宮﨑　薫

第1章　人を増やす人材戦略

第2章　教育で人をつくる

第3章 働きやすさが人をつくる

第４章　人をつくる経営

編集協力／前嶋裕紀子

序章

人をつくる人材戦略は なぜ生まれたか

「人がやらないこと」をやり続けてピンチに陥る

●ケコム工法は大当たりしたが……

人づくりの中身を紹介する前に、人づくりを始める前のコプロスは、どのような状況にあったのか、まずはそこからご紹介します。

私が、父が経営する当社に入社したのは、1981年。東京の大学に通い、卒業後、ブルドーザーを販売するアメリカの会社に就職しましたが、もともと継ぐつもりでいたため、必要なことを学んだタイミングで帰国して、会社に入りました。

当時の社風は、「人がやらないことをやる」。そして、この社風を生み出したのは、他でもなく当時の社長である私の父、宮﨑衛でした。

父はとにかく開発することが大好きで、「つねにアイデアを書き残せるように枕元にもスケッチブックを欠かさず置いていた」というエピソードはいまだに社内で語り継がれるほど。「世の中にない『新しいもの』をつくったら、必ず売れる」という発想の人で、新しい技術や工法を開発することに大きなエネルギーを注いでいました。そして、その父の読みが見事に当たったのが、先述した「ケコム工法」だったわけです。

コプロスという会社は、この開発好きな父とともに成長していったといえます。その父の原点ともいえる「人がやらないことをやる」という考え方は、私にも脈々と受け継がれています。

しかし、父の信念であった、「『人がやらないこと』をやれば必ず売れる」というのは必ずしも正しいわけではありません。

いや、むしろ間違っていることのほうが多いかもしれません。

人がやらないこととは、見方を変えれば、ニーズがないから誰もやっていなかったことともいえます。市場の都合ではなく、自社の都合で「これは必ず売れるはずだ」という思い込みで開発をする。マーケティング用語でいえば、「プロダクト・イン」の発想です。

当社の場合もまさにこのケースに該当しました。**「ケコム工法」は大当たりだったものの、それ以外の工法や技術の多くは鳴かず飛ばずで終わってしまった**のです。

しかも、それぞれの開発資金には金融機関からの融資が充てられていました。開発した技術が売れれば、利益で返済ができますが、売れなければそれもできません。その結果、当社の借金は膨れ上がり、だんだんと財務状況を圧迫していったのです。

公共工事削減が追い打ちをかけ、売上約30億円ダウン

●資金繰りが悪化し、賞与ストップ、給与カット

財務状況を厳しくしていったのは、度重なる開発の失敗によって膨らむ借金だけではありませんでした。事業の柱である土木や建築においても、その雲行きが怪しくなっていったのです。

私が父の後を継いで社長に就任したのは1995年のことです。

当時、すでにバブルは崩壊していましたが、土木・建設業界にはさほど景気後退の波は押し寄せていませんでした。実際、その前年の1994年には民間と政府とを合わせた建設投資額は約84兆円に達し、戦後最大を記録しています。

しかし、そこをピークに土木建設業界は冬の時代に突入していきます。

2001年に誕生した小泉政権は「小泉構造改革」の名のもとに公共事業への支出を削減。その流れはその後の政権でも引き継がれ、2009年から始まる民主党政権に至っては「コンクリートから人へ」のスローガンを打ち出し、その政策を推し進めていきました。

公共事業の中心は土木工事ですから、こうした流れは土木業界に大打撃を与えました。当然、土木が主力部門である当社の売上にも直撃しました。

公共事業費の削減の流れを受け、当社の売上は下がっていく一方でした。

2003年度の売上は、約60億円、ピーク時の売上が80億円ですから、約30億円のマイナス。しかも、このときの負債が80億円。**売上よりもはるかに多い負債を抱えていた**わけです。

その結果、資金繰りにも窮するようになりました。影響は社員への報酬にも及び、賞与ストップ、給料カットなどを断行せざるを得なくなりました。

こうなると当然、社員たちの中から、会社の将来を危惧する人たちが現れてきます。「沈みゆく船」からみんな逃げるのは自然なことで、１人また１人と社員たちが辞めていくようになっていきました。こちらとしては懸命になって引き留めるのですが、うまくいきません。

土木・建設業において、人手が少なくなれば、それだけ受注できる仕事も減っていきます。社員の減少が止まらないことで、当社の経営はますます厳しいものとなっていきました。

コプロスを変えた出会い

●ストレスによる寝汗で眠れない日々

公共事業の激減で土木部門の売上が落ち込み、さらに無秩序な開発で借金はどんどん膨らんでいく。その中で唯一、堅調に売上をあげていたのがケコム部門（主にケコム工法を用いた工事の下請け）でした。ケコムがあったから、なんとか会社の命を繋いでいけたといっても過言ではありません。

この頃は、ストレスで就寝中に大量に寝汗をかき、びっしょりかいた汗で起きて、シャツを着替えて寝直すものの、再び汗びっしょりで起きて——ということを一晩で何度も繰り返していました。

毎晩、シャツを5枚ぐらい替えていたと思います。

大学に入学したばかりだった長男の学費も心許なくなり、「会社がまずい状態なので、場合によっては、奨学金をもらって、どうにか卒業してくれ」という話もしたくらいです（結局、なんとか学費を捻出してやることはできましたが）。

株式会社武蔵野の小山昇社長に出会ったのは、ちょうどその頃です。

武蔵野さんは、東京に本社を置き、ダスキン事業を展開する一方で、日本経営品質賞を受賞したことをきっかけに、全国の中小企業へ経営コンサルティングを行っている会社です。

代表の小山社長は「落ちこぼれ軍団」と言われた社員たちを徹底的に教育し、自社を18年連続増収、年商75億円にまで育てた、現役のらつ腕経営者です。しかも指導企業750社のうち5社に1社は最高益で、倒産はゼロ。自社で実践し、成果が出たものだけを教える実務に直結した指導をされることで知られています。

2012年に参加したセミナーで、環境整備という仕組みを取り入れれば、どんな会社でも必ず変わるという小山社長のお話を聞きました。指導企業はもちろん、武蔵野さん自体も環境整備で会社が変わったのだといいます。

そんなことをうかがい、藁にもすがる思いで、武蔵野さんで勉強することを決めました。そして、この決定がコプロスを大きく変えるきっかけとなったのです。

不要な土地、建物、機材をとことん整理し、キャッシュを増やす

●「今まで相談に来た社長のなかでいちばん暗い顔をしてる」

小山社長は、750社以上の中小企業の経営者を指導しています。

その小山社長が最近おっしゃっていたことがあります。

「これまで、私のところに相談に来た社長のなかで、いちばん暗い顔をしていたのが宮崎さんだった（笑）。それが今はこんなに明るい。社長も、会社も変わることができるんですよ」

今でこそ笑い話ですが、当時の私はそれほど追い詰められていたわけです。

ただ、小山社長はこうもおっしゃっていました。

「宮﨑さんは、わからないことがあったら、そのままにしない。わかるまで聞く。そして実行してわからないことがあったら、また聞く。これは、なかなかできないことです。また、私がアドバイスすると、最初は『え！』と言っていたのが、素直に『はい！』と答えるように変わった。それくらいから、コプロスさんが変わったと感じました」

やや過大な評価である気もしますが、私には小山社長が指導したことをとにかく必死で実行するしか、選択肢がなかったのです。

小山社長からは、さまざまなことを教えていただきましたが、ここでは2つご紹介します。

1つは、**環境整備**です。

詳しくは、2章で解説をしますが、これは、整理、整頓、清潔、礼儀、規律を通して、**「仕事をやり易くする『環境』を『整』えて増収増益に『備』える」**、組織力を強化するための取り組みです。

環境整備では、整理を「最小限まで、要らない物、使わない物はとにかく捨てる」と定義していますが、当社ではこの考え方を、業務の改善だけでなく、財務状況の改善にも当てはめていきました。そして、必要のない建物や土地、機材等を売却したり、捨てたりしていきました。実際、数億円をかけて製造した機械が、1回も使われずに倉庫の中で眠っているケースもあったからです（現在では、3年間使っていない機械は基本的に整理することを決めています）。

その結果、固定資産税を減らすことができ、さらに、不要な建物や土地の売却で出た赤字は特別損失として計上。それによって節税ができ、現金の確保につながっていきました。

金融機関との付き合い方が変わり財務状況が劇的に改善

●信用を高め、長期、低金利、無保証の借り入れを実現

もう1つ、小山社長の指導によって変わったことは、**金融機関と上手に交渉ができるようになった**ことです。

経営危機に陥っていた頃は、お金を貸してもらうことに必死で、交渉もなにもありませんでした。

資金繰りが厳しくなるたびに、もみ手スリスリの猫なで声で金融機関の担当者に融資をお願いしていました。そして、なんとかお金を借りることができても、それは、会社の運転資金として消えていくだけ。戦略的な借り入れではありませんでした。当然、条件は言われるがまま。根保証や根抵当がべったりついていました。

こうした金融機関との付き合い方が、180度変わりました。こちらへの信用を高めることに注力し、その上で対等な立場で交渉するという姿勢に転じたのです。

信用を高める第一歩は、「経営計画書」を作成し、その内容を「経営計画発表会」、さらには定期的な訪問で、金融機関の担当者の方々にお伝えすることでした（これものちほど解説します）。

もちろん、それまで借金の返済に四苦八苦していた会社ですから、経営計画書を1冊つくったところで、すぐに信用を回復できるわけではありません。環境整備によって会社を変える努力を愚直に続け、同時に、経営計画書に基づく経営を続けていった結果、少しずつ信用していただけるようになったのです。

環境整備による整理や節税等によって、会社の現金が増えていき、資金繰りが改善していくと、これまで短期が中心だった借入を、交渉の末、長期に変えることができました。その結果、これまで2・675〜3・3％だった金利を、0・61％〜1・05％

にまで下げることができました。それによってさらに資金繰りが改善していきました。

最後は、**担保や保証をいかにはずすか**です。

経営者にとって、担保や個人保証をとられることは心理的に大きな負担です。一方で、金融機関としては融資先を信用できなければ、担保や保証をはずすことはありません。しかし、これは見方を変えると、この会社は信用できると思ってもらえれば、はずせるわけです。

そこで、前述の経営計画書、経営計画発表会、定期的な銀行訪問の3点セットによって、時間をかけて少しずつ、担保と保証をはずしていきました。

現在では借入の一部分が、長期、低金利、無担保です。一方、無保証については、保証をはずしたところが出てきました。他の金融機関とも交渉を続けていきます。

2020年度の当社の借入額は約40億円である一方、現預金は約21億円。**キャッシュが潤沢にある状態**です。小山社長から指導をいただいたおかげで、安定した財務状況に変わったことがおわかりいただけるでしょう。

売上アップに必要なものが見えてきた

●価格競争をやめる

小山社長に指導していただき財務状況が改善していく一方で、売上のほうはすぐには上がっていきませんでした。

つまり、「利益が出るようになった」のは、あくまでも「無駄」を減らしたからであり、売上アップによるものではなかったのです。

売上を上げていくには、「受注する仕事を増やす（数・規模）」ことと「それぞれの仕事の価格を上げる」ことが大きな軸になります。

実際、当社の売上が減っていったのも、公共事業の減少によって受注が激減したことに加え、稼ぎ頭のケコム工法が価格競争に巻き込まれたことが大きな要因でした。

そこで、まずは、ケコム工法を適正価格で受注することに取り組みました。ケコム工法は当社が開発した技術ではありますが、だんだんとそれを真似した技術が現れてきました。その結果、価格競争が起こるようになり、当社も仕事を受注するためには値下げせざるを得なくなっていました。その結果、今から振り返ると、何億円という単位の損が発生していました。

こうした状況に対して「安さ」以外で、他社に勝てるポイントを探すことに注力し始めました。当社のケコム工法の「強み」と「弱み」等を洗い出しながら、値下げをしなくても当社の商品を選んでいただけるための戦略を練り、かつ商品力を磨いていったのです。

この戦略が功を奏し、競合他社との競争において、適正価格でも当社のケコム工法を選んでいただけるようになり、それが売上アップにつながっていきました。

●人手不足をチャンスととらえ人材戦略を強化

もう一方の、「受注する仕事を増やす（数・規模）」ですが、私は売上を飛躍的にアップする上で、当社が抱えている問題に気づきました。

それは、いくら受注を増やす努力をしていっても、それを受けるだけの社員数が確保できていない事実です。つまり、**人手不足のため、受注できる仕事数、仕事量に限界があった**のです。

当時、コプロスの社員たちは疲弊していました。受注した仕事に対して、社員数が圧倒的に少なかったからです。

慢性的な人手不足の状態でした。

しかし、これも見方を変えると、十分な社員数を確保できれば、社員一人ひとりの負担を減らしていくことができ、仕事を安定的に受注していくことが可能になるわけです。大きな仕事も受注しやすくなり、その結果、会社の売上を伸ばしていける。**この状況は、ある意味チャンスでもありました。**

コプロスにとってこうした「いい循環」をつくっていくためにも、人を増やしていく必要性がある。

さらには増やした人を教育して会社全体のレベルアップを図っていきたい。

そのように感じた私は、採用活動を行うことを決定しました。

コプロスの人づくりは、ここから始まったのです。

第1章

人を増やす人材戦略

組織の若返りの必要性を痛感し、「新卒採用」をスタートすることに

●「儲かったから人を増やす」ではなく、「儲けるために人を増やす」

売上の拡大、そして何よりも社員たちの疲弊感の解消のためにも、人を増やしていくことが急務だと気づいたものの、当初はなかなか実行できずにいました。

理由は簡単で、人を採用すれば、その分、人件費などのコストがかかるからです。人を採用しても、そうしたコストが売上や利益を上回ってしまえば本末転倒です。逆に経営を圧迫しかねません。そうなれば、せっかくの「人材」が「人罪」となってしまいます。

そんな具合に、「人を増やしていかなければ」と思いつつ、その一歩が踏み出せずにいるとき、ある出会いがありました。

武蔵野さんの勉強会に参加した際に、新卒採用を積極的に行っているある会社の事例が紹介されたのです。

なんとその会社は、新卒メインの大量採用を実施したことで、16億円だった売上が、2年で36億円にまで伸びたというのです。わずか2年で20億円もの売上アップです。

この新卒メインの大量採用には、ある発想の転換があったといいます。それは、「儲かったから人を増やす」のではなく、**「儲けるために人を増やす」**発想です。そして、実行してみたら、本当にその通りになった、というのです。

この事例に目が覚める思いでした。私自身、「儲けるために人を増やす」ことの必要性は感じていたものの、そのためのコストが逆に経営を悪化させるのでは……と二の足を踏んでいました。

しかし、この会社では、儲けるために人を増やし、その結果、売上も利益も上がったというのです。この事例に私は背中を押され、私は「人を増やす」、さらに「新卒者を採用する」方向に舵を切ることにしたのです。

●「社内の若返り」を目指して、新卒採用をスタート

この「新卒者を採用する」のは、当社にとってかなり大きな決断でした。というのも、当社はこれまでに新卒採用をした経験がほぼ皆無だったからです。「採用経験ほぼなし」ということは、新卒採用のノウハウも新入社員を教育する仕組みもない、ということでもあります。

それでも新卒採用に取り組んでみようと思ったのは、着々と進む職場の高齢化に対して早めに手を打っておかないとまずいとも考えたからです。

実際、当時の社員の平均年齢は45歳でした。当然、皆1年ごとに年をとっていきますから、このまま若い人を採用せずにいたら、気がついたときには職場はシニアだらけになりかねません。今のうちに組織の若返りを図っておくことが急務です。

こうした思惑から、2014年、新卒者を対象とした採用活動がスタートしたのでした。

試行錯誤しながら、新入社員の定着率アップを目指す

●最初のうち、採用も定着もうまくいかず……

「新卒の採用活動をスタートするぞ！」と意気込んだものの、最初から順調に学生たちの応募が集まったわけではありません。

開始当初は、「採用活動をすれば、そこそこ人は集まってくるだろう」と安易に考えていました。ところが現実はそんなに甘くはありませんでした。

今、振り返ってみると、採用チームのメンバーたちがさまざまに試行錯誤を繰り返し、悪戦苦闘しながら進めていってくれた、という感じです。

そうした彼らの頑張りもあって、最初の年（2015年）は国立大学の男子学生1名を採用することができました。

ただ、残念ながら彼は1年で退職してしまいました。とても優秀で仕事にも一生懸命に取り組んでくれていたのですが、いかんせん新卒の新入社員は彼のみだったので、新卒社員ならではの悩みを共有したくてもその仲間がいません。それどころか、まわりを見れば、年齢のいった「おじさん社員」ばかり。職場に打ち解けていくにも限界があったようです。

そのあたりを会社としてサポートしてあげられず、彼には申し訳ないことをしたと思っています。

そうした反省もあり、翌年は3名の大卒新卒者を採用することにしました。しかし、この年も3名のうち2名が入社して2年で辞めてしまいました。1名は「若い人がいないから（建前では「仕事が合わない」という理由でしたが）」、もう1名は上司からのパワハラが理由でした。

このように、最初の2年は「採用」だけでなく、「定着」という部分でもなかなかうまくいきませんでした。

ただ、こうした「3名の退職」という経験は、「新卒社員たちに定着してもらうために、自分たちは何が足りないのだろう、何が必要なのだろう」ということを会社全体で検討するいい機会になりました。そして、そうした検討を踏まえて、新入社員を教育する仕組みを構築していきました（当社の新入社員教育については第3章で解説します）。

こうした努力の甲斐あって、**新卒3期生（2017年度入社）以降、いまのところ、退職は1人のみ**。これまで40名の新卒者を採用し（2022年現在）、そのうち退職したのは4名ですから、**定着率は90%**となります。これは手前味噌ではありますが、かなり高い数字だと自負しています。

ちなみに、2017年度以降の新卒採用実績は次の通りです。

- **2017年度／3名**
- **2018年度／3名**

・2019年度／7名
・2020年度／4名
・2021年度／10名
・2022年度／9名
・2023年度／9名（予定）

なお募集は、部門ごとに行っています（「土木」「建築」「ケコム」「バイオガスプラント」の4部門）。

どれも、その分野での専門性を求められる仕事ですが、当社は「入社後に、専門的な知識や技術等を身につけてもらう」というスタンスのため、募集に際して、学部・学科は不問です。大学等で土木・建築を学んだ人に限定していません。そのため、**新卒採用者の約8割は文系の学部・学科出身者**です。

新卒採用はコプロスにどのような効果を生み出したか

●疲弊感が解消し、笑い声も聞かれる職場に

当社では２０１５年度に初めて新卒社員を採用するようになったわけですが、それ以降、毎年、新入社員が入ってくるようになりました。

現在、新卒採用者が全社員の中に占める割合は約３割となっています（全社員数１１３名、新卒採用者36名）。

すでに述べた通り、新卒採用をスタートした主な目的は、大きく次の３つでした。

①社員たちに広がる疲弊感を解消していくこと

②人手不足を解消することで売上を伸ばすこと
③組織の若返りを図ること

そして、これらの目的は、毎年、新卒採用を続けることで、確実に達成しつつあると感じています。

たとえば、疲弊感の解消についてですが、新卒採用の開始以前と今とでは、社員の表情が違います。

以前は、笑い声なんてあまり聞かない、それどころか不機嫌な表情を浮かべている社員の多い職場でした。

ところが、若い新卒社員たちが毎年入ってくるようになってから、だんだんと社員たちの表情が明るくなっていきました。さらには社内で笑い声も聞かれるようになりました。

●新卒社員たちが売上にも貢献し始めている

新卒採用で会社が変わった！

新卒社員は入社した当初は、知識も技術もないため、あれもこれもと仕事がこなせるわけではありません。まだまだ「戦力」とは言えない状態です。

それでも、若い人が1人いるだけで、現場等での仕事がだいぶ楽になります。わかりやすい例を挙げると測量を行うとき、1人で行うのと、向こう側でメジャーを持ってくれる人がいるのとでは、後者のほうが作業効率が断然よくなります。

新卒社員が増えることで、こうした**作業効率の向上**がコプロスの職場のさまざまなところで起こるようになり、社員たちの負担を大きく減らすことができました。

それに、新入社員たちはいつまでも「戦力外」ではありません。先輩たちのアシスタントをしながら1つひとつ仕事を覚えていきます。1年も経つと、さまざまな仕事ができるようになります。

実際、新卒2期生（2016年度入社）の社員は当社で働いてすでに7年目になりますが、今では**1人で現場を取りしきる**ことができるようになっています（彼の現在の役職は主任補です）。

新卒社員たちが、アシスタントとしてではなく、一人前の社員として現場を切り盛りできるようになれば、当社にとっては人手が増え、その分、より多くの仕事を受注できるようになります。当然、会社も成長していきます。そして、そうした手応えを現在、実感し始めているところです。

●若い人がもたらしてくれた想定外のメリット

新卒採用の効果は、こうした当初の目的が達成されただけではありません。私自身想定していなかった効果もあります。

それは、「若い人が職場にいる」だけで、**会社が活気づく**という効果です。

その効果をとくに感じるのが土木部です。

土木は現在、20代の社員が3分の1を占めています。まさに若さあふれる職場です。そうなると、職場の持つエネルギーの質が大きく変わっていきます。「活気づく」とでもいうのでしょうか、土木部に行くたびに、そうした若さの持つパワーのようなものを感じます。

新卒で入社した若い社員たちは、知識や技術といった部分では経験を積んだベテラン社員たちにはまったく敵いません。しかし、ベテラン社員たちにはない「若さ」というエネルギーを持っています。

そのエネルギーが、面白いくらいに職場を活気づかせてくれるようなのです。そして、それが知識とか技術とはまた違った「戦力」として、会社の成長に貢献してくれています。

その意味でも、新卒社員はやはり当社にとって非常に大きな「戦力」だと感じています。

●中途社員によって職場に多様性が生まれる

新卒の採用活動に加えて、中途採用も積極的に行っています。この**10年で20名の社員が中途採用で入社**してくれました。

中途採用には、「即戦力を増やす」意味があります。ただ、実際に採用してみると、新卒社員と同じく、それ以外の想定外の効果もありました。**「新しい刺激」をコプロ**

スにもたらしてくれる効果です。

たとえば、別の会社での経験があることで、これまでにない視点でいろいろな提案をしてくれる、ということが多々あります。また、いろいろなタイプの人が入社してくれるので、その意味で人材の多様化が進みつつあるとも感じています。

当社は、次章で紹介する「環境整備」を導入して以降、新しい試みをどんどん取り入れる社風に変わってきています。そのため、近年入社した中途採用の社員たちから、**「こんなふうにいろいろなことに挑戦する会社はこれまで経験したことがない。仕事をしていて面白い」**という感想をもらうことがあります。

こう言ってもらえると、会社の成長を実感でき、嬉しく感じます。

「見せる」採用活動で、若者からの認知度アップを狙う

●採用ＹｏｕＴｕｂｅは広告優秀賞を受賞

新卒の採用活動は、いろいろな失敗を重ね、そこからさまざまなことを学び、改善を繰り返しながら、今に至ります。

その中でつねに課題となっているのが、「エントリーにつながるような興味・関心を、どうすれば多くの学生に持ってもらうか」です。

少子化で新卒採用の現場は、現在、学生優位の売り手市場です。しかも、建設業界全体が人手不足の状態ですから、大手ゼネコンも新卒確保に必死です。高卒・大卒、どちらの新卒者も彼らが根こそぎ持っていってしまいます。

そのため、当社のような地方の土木・建設会社が新卒学生を確保するのは簡単ではありません。

しかし、そこであきらめるわけにはいきません。

大手ゼネコンほどの認知度がない会社が確実に新卒者を採っていこうと思ったら、学生たちに「面白そうな会社だな」と興味・関心を持ってもらうことです。

そこで**ＹｏｕＴｕｂｅの活用**を開始。動画づくりや編集方法の勉強会を開いたり、視聴者数を上げるためのノウハウなどを専門家から学んだりしながら、現在、定期的に動画をアップしています。

そうした採用チームの努力の甲斐があってか、採用面接の際に当社のＹｏｕＴｕｂｅ動画が話題になることも増えてきました。さらにありがたいことに、２０２０年にはこのＹｏｕＴｕｂｅで建設業の**広告優秀賞**をいただきました。

●採用活動の一環で、オフィスも喫茶店風に

若い人たちに興味を持ってもらえるウェブコンテンツをつくっても、彼らが来社してみたら、「イメージと違っていた」となってしまっては元も子もありません。

当社は、環境整備によって「きれいな会社だ」とか「オフィスが整理整頓されている」といった印象を持ってもらえる自信はありました。ただ、それによって「冷たい感じがする」「堅苦しすぎる」といった印象を与えてしまってはいけません。若者を引き付けるには、ある程度のカジュアルさが必要です。

そこで、事務所のレイアウトを大きく変更しました。

まず、玄関部分の壁には、各現場で和気あいあいと楽しそうに仕事をしている社員たちの写真を掲示。2階の受付に行くまでの階段のところには、「経営計画発表会」(第3章で解説します)の第2部の余興タイムで社員たちが盛り上がっている写真を飾りました。

YouTubeを新卒採用で活用

コプロスYou Tubeチャンネル

会社説明会等で来社した学生さんを含め、来社された方々は受付にたどり着くまでに、これらの写真を目にすることになります。それを見て、「なんかこの会社、楽しそうだな」という印象を持っていただこう、というわけです。

階段をのぼり切った踊り場には、これまでに当社が頂いた表彰状を掲示。これは、「楽しい」だけでなく、「きちっとした会社」というイメージもプラスしていただくことを意図しています。

そして、2階にある受付のドアを開けると、目に入るのはレンガ調の壁紙です。これは「カフェ」をイメージした演出です。こうすることで、「明るそう」とか「楽しそう」といった印象を与えることをねらっています。

このねらいはうまくいったようで、来社された方々からもしばしば**「カフェみたいなオフィスですね」**という感想をいただきます。採用試験で内定を出した学生さんたちに当社の印象を聞くと、「明るい」という答えが圧倒的に多く、我々の目論見は見事に達成できているようです。

モダンな雰囲気の新オフィスも完成！

「見た目」の重要性は、オフィスでも言えることだと思います。

とくに当社は現在、若い人材を増やしていくことに力を入れていますから、若い人を引き付けるようなビジュアルのオフィスをつくっていくことは不可欠です。

2022年11月には、本社のある敷地内に新社屋が完成。木造で温かみがあり、開放的な雰囲気のこの空間は、どちらかというと営業に活用するために建てたものですが、学生にも好評です。

今後も、若者に人気のある企業をいろいろとベンチマークさせていただきながら、オフィスの内装やレイアウト等も進化させていくつもりです。

女性の積極採用が「働きやすい環境」づくりにつながる

●まだまだ採用を拡大する予定

２０１５年度から新卒の採用活動をスタートし、社員の数は増えました。ですが、長期計画で掲げている目標は、「５年後に正社員数２６０人」。コプロスでは、「5年で売上倍増」という経営計画を立てており、それに必要な社員数がこの人数です。現状ではまだまだ足りません。

そのため、今後も新卒、中途の両方で採用活動を積極的に展開していきます。

２０２２年（２０２２年４月入社）では９名の新卒社員を採用しましたが、今後もそれくらい、もっと欲をいえば、それ以上の規模で新卒採用を続けていくつもりです。

●技術系部門での女性社員の比率を高める理由

さらに、単に採用人数を増やすだけでなく、土木や建築、ケコムなどの技術系部門での**女性の採用**も積極的に進めていく予定です。

実際、2021年には土木部門で2名の女性の新卒者を採用しました。これは当社初の女性新卒者の採用となります。

当社が女性の採用を積極的に取り組み始めている背景には、性別に関係なく、実力のある社員を採用していきたいという思いが、まず1つ。

さらに、それ以上に期待しているのが、女性を採用することで、工事の現場も含めてより働きやすい環境を整備していける、ということです。

たとえば、「女性が働きやすい工事現場」という部分で、トイレや更衣室等を整備していくことは必須でしょう。

当社の場合、現場のトイレについては、環境整備の実施の甲斐あって「かなりきれい」と社内外で評価されています。他社の現場で働く女性警備員の方が当社のトイレを借りにいらっしゃるくらいです。

しかし、私はこのレベルでは満足していません。女性社員がどんどん現場で活躍していくことで、トイレのみならず、さまざまな部分において、女性にとって使いやすい現場環境へ改善していこうと考えています。

すでにこうした変化は、２０２１年入社の新卒女性社員たちによって少しずつ起こり始めています。たとえば、女性社員がいる現場では、言葉遣いが丁寧になり雰囲気も変わった印象です。また、女性社員の発案で現場事務所でアロマが活用されているのを見たときには、女性が加わるとここまで変わるのかとビックリさせられました。

女性が働きやすい環境は、結局のところ男性にとっても働きやすい環境につながっていきます。女性にとっても男性にとっても働きやすい環境をつくるために、女性社員たちの活躍に大いに期待しているところです。

●女性社員の活躍が目立ってきた

女性社員の存在は、現場の職場環境に限らず、会社全体の労務環境の改善にもつながります。

たとえば、時間を含めた働き方の見直しや、仕事と家庭の両立のための制度づくりなどは、男性中心の職場では後手にまわりがちです。しかし、女性社員が増えていけば、そうしたことを整えていくことがより求められるようになります。それが、「働きにくい環境」を改善していくきっかけにもなります。

実際、ここ10年の「人づくり」「働きやすい環境づくり」の取り組みによって、当社では女性社員の活躍が目立つようになってきました。

現在、女性社員の占める割合は1割程度で、新卒者以外の女性社員は全員、総務部や各部門において事務系の仕事を担っています。こうした事務系業務において、積極的に各種提案を出してくれるようになり、それが会社のさまざまな改善につながっているのです。各社員のスケジュールの見える化や、各仕事の手順化・標準化（88ページ）の促進、会社のさまざまなイベントでも、その準備や進行で毎回、大活躍をしてくれています。

人づくりで女性社員が活躍する環境に

現在、新卒女性の管理職はまだいませんが、そうした役割を担えそうな女性社員も育ってきています。当社初の**新卒出身女性管理職が誕生**するのも近いでしょう。

●いずれはリクルーター制も進めていきたい

今後の採用活動の取り組みとしては、「リクルーター制」の導入も検討しています。新卒採用をスタートして8年が経ち、新卒社員の数も増えていきました。そうした若手社員たちに母校などを中心に学生たちとコンタクトをとってもらい、採用につなげていきたい。

まだ準備段階ではありますが、スタートすれば採用活動がさらに充実したものになっていくはずです。

第2章

教育で人をつくる

社員を「人財」にするか、「人罪」にするかを分けるものとは？

●社長は社員を「人罪」にしてはいけない

これまでに、新卒社員36名、中途社員8名の計44名を採用しました。

しかし、人が増えれば、その分、人件費も増えます。人が増えたことで、売上も伸びていけば、そうした人件費の増加は問題になりませんが、人は採用したものの、一向に売上が伸びないとなれば、会社にとってはピンチです。一方、人は採用したものの、一向に売上が伸びないとなれば、会社にとってはピンチです。「人余り」の状態になり、人件費のかかる社員たちは「コスト」になります。こうなると、社員は「人罪」です。

実際、新卒社員や中途社員たちが増えていくことに対して、社員たちから「こんなに人を採用して大丈夫ですか？」と心配する声もありました。彼らから心配の声が上がるのも当然のことだと思います。

社長は自分の会社の社員たちを「人罪（＝コスト）」にしてはいけません。一人ひとりが会社に利益をもたらし得る「人材」、もっというならば「人財」へと成長し、活躍できる環境を、会社はつくっていく必要があります。

そうした人材（人財）が増えていけば、仕事を受注できるキャパシティーが広がり、請け負える仕事の量も規模も拡大していきます。

さらに、人材（人財）が増えれば、新規事業にも挑戦しやすくなります。

現在、当社は「５年で売上倍増」という長期計画を掲げています。それを実現するには、土木や建築、ケコムなど既存の事業の成長にだけ頼っているのでは限界があります。そこで、売上や利益のさらなる拡大につながる新規事業にも積極的に取り組んでいます。

十分に人材（人財）が揃っていれば、そうした部門に人を回すことができ、スムーズに事業を展開していくことができるのです。

●人財にするための社員教育のノウハウがない！

では、社員たちを「人財」へと成長させていくにはどうすればいいのでしょうか。

答えは明白です。**会社として「社員教育」の仕組みを整え、社員たちを「人財」にすべく、さまざまな教育の機会を継続的に提供していく**ことです。

ただ、これまでコプロスでは、「社員教育」というものにそれほど力を入れてきませんでした。

土木建設会社の場合、技術的なスキルの習得ならびに向上は非常に重要ですし、仕事を担当するために取得必須の資格もたくさんあります。そうしたものについて、かつてのコプロスは「本人（もしくは直属の上司）任せ」が基本でした。

これは、土木建設業界全体の傾向だといえます。

土木建設業というのは、いまだ職人気質が残っています。基本的には、先輩がやっているのを「見て覚えろ」の世界です。その中で試行錯誤を繰り返しながら技術を身につけ、自分独自の技術を磨き、それで食べていくという「一人親方」的な人たちが数多くいる業界です。

そのため、大手ゼネコンは例外として、この業界では技術の習得は基本的に「本人任せ」の会社が多いのが現状です。当社もご多分に漏れず、かつてはその傾向が強く、技術習得に関しての社員教育にはそれほど力を入れてきませんでした。

そして、このことが意味するのは、「社員教育のノウハウがない」ということです。

そこで、「ゼロからのスタート」で、10年ほど前から社員教育の仕組みづくりに取り組むようになりました。

この章では、新人教育を含めた、当社の「社員教育」の仕組みを紹介します。

コプロスが取り組んだ環境整備

●環境整備とは、仕事がしやすい環境を整え、備えること

当社の社員教育において、その「土台」となっているのが、**「環境整備」**です。

当社では、2013年から取り組み始めました。

環境整備とは、読んで字のごとく、**仕事がしやすい「環境」を「整」えて、増収増益に「備」える**ことです。

これがなぜ「社員教育」の土台になるかというと、環境整備を習慣として続けていくうちに、社員たちに仕事への「基本姿勢」が浸透していき、かつ組織の一体化が促されていくからです。

環境整備の中身は、大きく次の３つで構成されています。

（１）物的環境整備
（２）人的環境整備
（３）情報環境整備

物的環境整備とは、**会社にあるあらゆる「物」を、①整理し、②整頓し、③清掃し、④清潔にし続ける**ことです。

具体的には、最初に「不要なもの」を徹底的に捨てていきます（①整理）。次に、残ったものについて、置く場所を決め、向きを揃えて、いつでも、誰でも使える状態に保つようにしていきます（②整頓）。

①整理→②整頓ができたら、そこでようやく③清掃もスタートです。清掃は文字通り「掃除」をすることです。毎朝、就業時間内の決まった時間に、社員全員で掃除に取り組みます。

当社（本社）では、朝礼終了後、30分間、「環境整備作業計画表」に基づきその日に清掃する場所（限定された狭いスペース）を徹底的に磨き込んでいきます。

そして、最後の④清潔ですが、これは①～③の状態を維持すること、となります。

●整理（捨てる）・整頓（整える）を徹底する

（2）の人的環境整備とは、**社員（人）が、①明るい返事、②元気な挨拶、③笑顔を習慣化できるように躾けること**、です。つまり、人としての礼儀や、この組織で働く社員としての規律を身につけていってもらうことです。

そして、（3）の情報の環境整備は、簡単にいえば、**社内のコミュニケーションを促し、情報が行き交う組織にしていくこと**です。

そのための基本となるのが①**「時間を守る」**、②**「報告の仕方を統一する」**の2つで、これを徹底しつつ、飲み会等、社内でのコミュニケーションの機会を活性化させる仕組みを整え、実践していきます。

なお、物的以外の環境整備においても整理・整頓は不可欠です。そこで当社では、「仕

物的環境整備で整理、整頓、清掃、清潔を徹底する

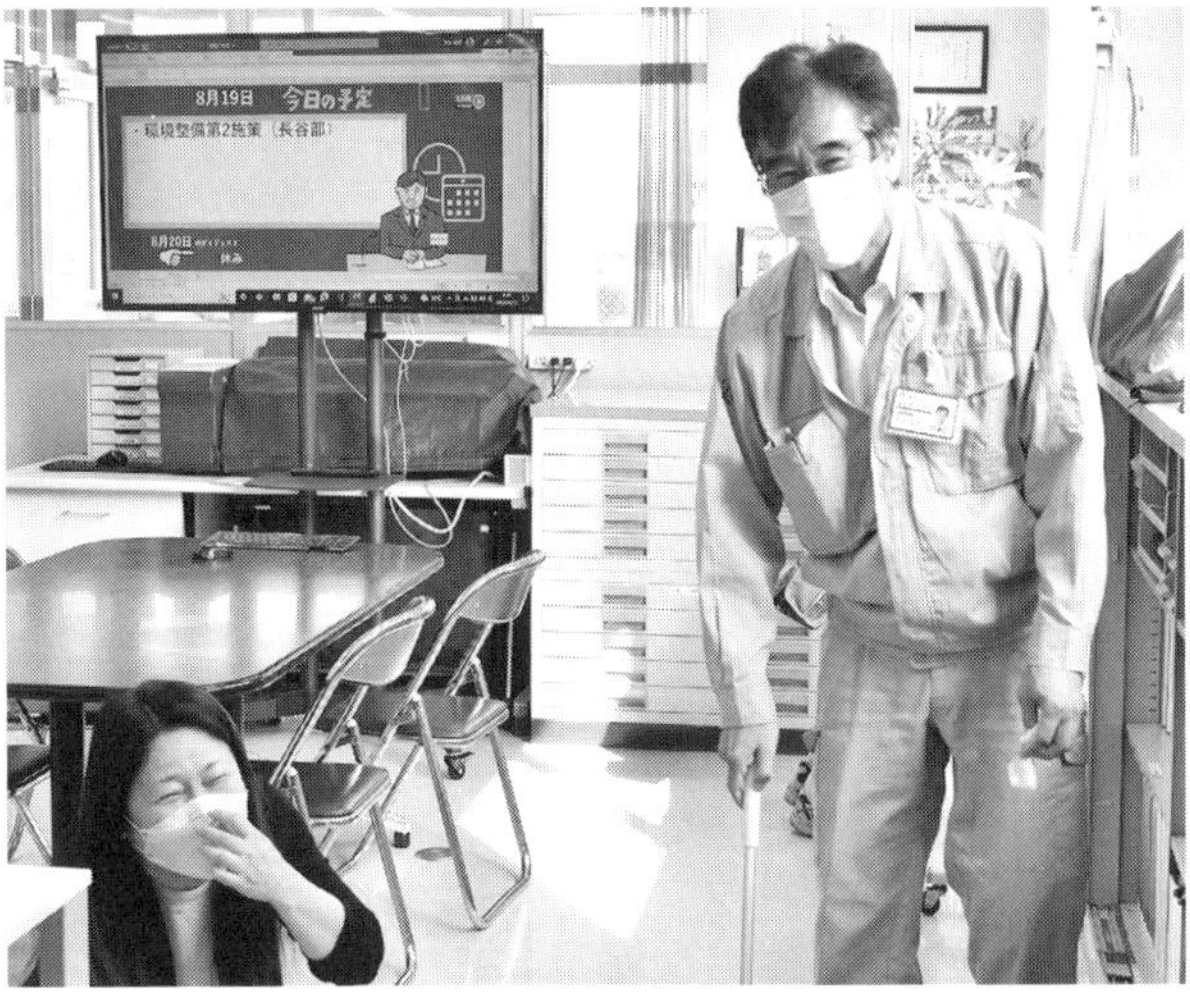

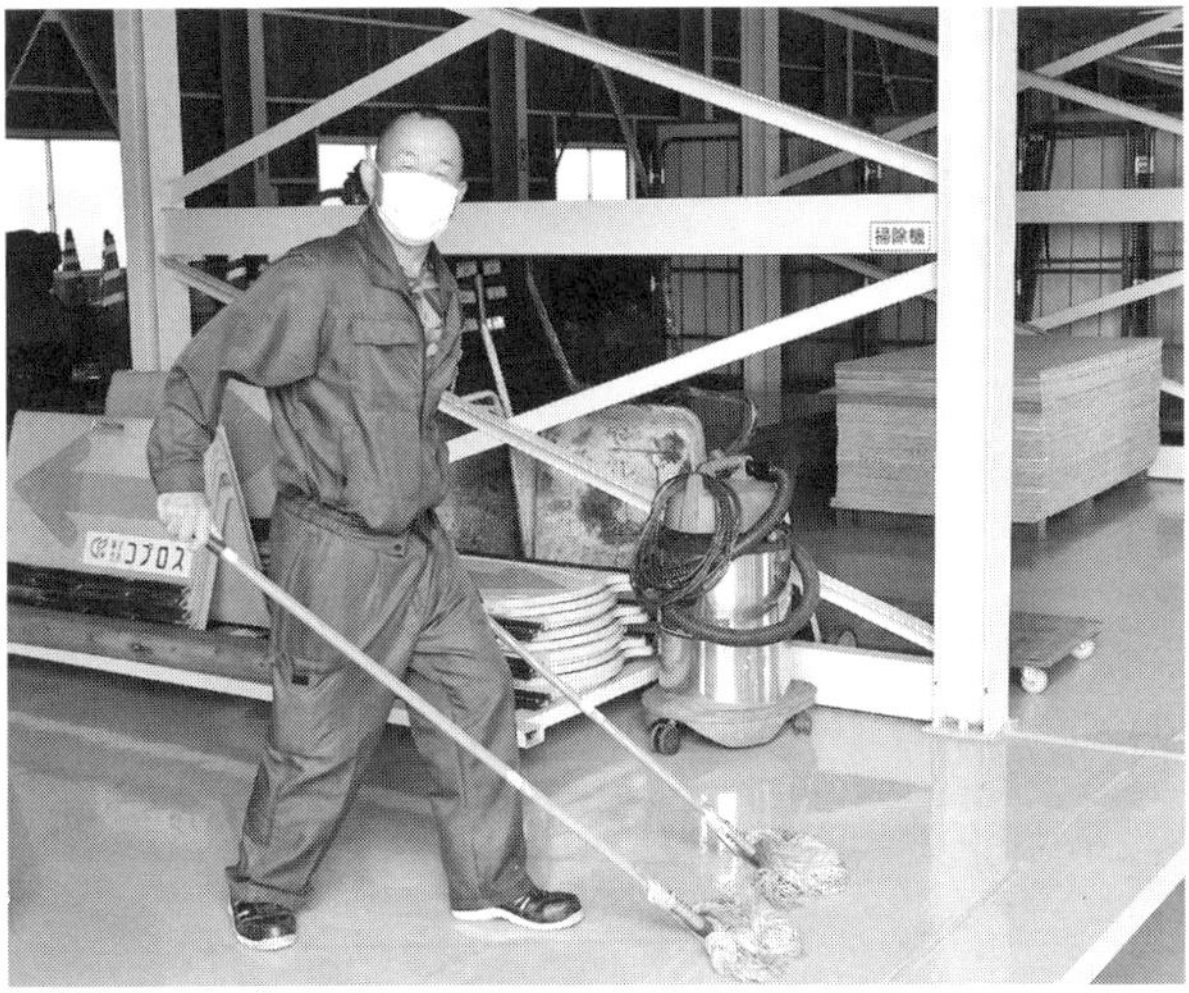

事」と「情報」という切り口でも整理・整頓を意識的に行っていくようにしています。

たとえば、「仕事」であれば、「やらないこと」を最初に決めて、エネルギーを「やること」に集中させる。情報であれば「要らない・使わない情報」を捨てて、「要る・使う情報」をすぐに使えるように整える、などです。

●アメとムチを仕組み化し、環境整備へのモチベーションを高める

さらに、この3つの環境整備が習慣化し、社内で「当たり前のこと」として定着させるために**「環境整備点検」**を実施しています。

これは、社長と社員数名（当社では主任以上の社員3名・交代制）が、月に1回、各部門を回って、環境整備点検シートに沿ってチェックしていく、というものです。

チェックされた内容は点数化され、その点数は社員一人ひとりの評価にも直結していきます（人事評価で点数が反映される制度設計になっています）。そのため、環境整備を「頑張る」「頑張らない」が、個人の昇給や賞与に影響してくるわけです。

環境整備点検はアメとムチを使った定着の仕組み

そのためチェックで丸がつかなかった（点数がつかなかった）項目は、どうすれば次回、丸がとれるようになるか、真剣に改善策を考えるようになるのです。

頑張っているチームには「賞金」も出します。具体的には、3カ月間の合計点がもっとも高いチームに対して、合同朝礼での表彰のほか、1人あたり3000円の食事目的の賞金が贈られる、というものです。

こんな具合に、「アメ」と「ムチ」の仕組みを設けることで、社員たちの環境整備へのモチベーションを高め、かつ「やらざるを得ない」状態にし、定着を図っているのです。

●「コプロスの現場のトイレはきれい」と地元でも評判に

当社では、一定規模の**建設現場においても、環境整備を実施しています**。

ただ、現場での環境整備の実施は一筋縄ではいきません。現場にはたくさんの資材がありますし、重機類などもあります。さらに、月1回の環境整備点検の際には、工事そのものをストップさせないといけません。

そのため、現場へ環境整備を導入するにあたっては、社員たちからそれなりの抵抗がありました。

そこで、最初のうちは、現場の負荷をできるだけ軽くすべく、簡単に取り組めそうなものから始めました。たとえば、対象を、「机の上」や「トイレ」「倉庫」など限定的にしたわけです。「とにかく、そこだけはつねにきれいにしておいてね」という具合です。

そうやって現場の社員たちに時間をかけて環境整備の習慣をつけていってもらったわけですが、これは結果的にうまくいきました。２年、３年と続けていくうちに、現場そのものがどんどん整頓の行き届いた清潔な場所になっていったのです。

とくに、社外の方々からお褒めの言葉をいただくのが現場のトイレです。**「コプロスの現場のトイレはきれい」**と地元の業界内では口コミで広がっているようで、すでにご紹介したように建設現場の女性警備員さんや、よその現場の検査にきた発注元の担当者さんなどがトイレを借りに当社の現場にいらっしゃるほどです。

環境整備で、社員たちの仕事への取り組み方が変化した

●毎朝の掃除が、社員のコミュニケーション活性化の場に

環境整備を導入して9年以上経ちますが、いまや社内では「当たり前のこと」として皆が取り組んでいるように感じます。

そして、環境整備が「当たり前」となっていく過程において、社員たちの「仕事への取り組み」や「会社に対する姿勢」が変わっていきました。さらにそのことが、コプロスという組織そのものの変化につながっていっています。

どのような変化が起こったのか、主なものを紹介していきましょう。

①社内のコミュニケーションが活発になる

すでに述べたように、環境整備を導入する以前の当社は、それほどコミュニケーションが活発な会社だったわけではありません。

社員同士の関係が険悪なわけではありませんでしたが、かといってものすごく仲が良いわけでもありませんでした。同じ部門の社員同士ですら会話はそれほど活発でなく、部門が違えば、「相手の名前すら知らない」ということも結構あったようです。

ところが、環境整備を継続していくと、そういうわけにもいかなくなります。部門内外の人たちとある程度「強制」的にコミュニケーションをとらざるを得なくなるからです。

たとえば、**毎朝30分の掃除は「おしゃべりをしながら」が奨励されています**。「おしゃべり」は、仕事のことでも、プライベートのことでもなんでもＯＫです。とにかく黙ってモクモクと掃除をするのは「ＮＧ」で、何でもいいから会話をしようというわけです。

「おしゃべり」は一見簡単そうですが、「今ここで『おしゃべり』をしろ」と改めて言われると、結構、難しいものです。案の定、環境整備を開始した頃は、社員たちのおしゃべりはかなりぎこちなく、わざとらしい印象でした。

しかし、慣れていくうちに気持ちがだんだんとほぐれていったようで、今では、掃除中、どの部門を覗いても、前日のテレビの話題や家族の話など、いろいろな話で盛り上がっています。

社内のコミュニケーションが活発になったことのメリットはいろいろ挙げられますが、その1つとして「利他的な対応」を取れる社員が増えてきたことです。

会社が掲げた目標（たとえば、他社との競争の中で勝ち抜く、など）を達成するには、己を通すばかりでなく、ときに「譲る」姿勢も大切です。ここ数年、こうした姿勢を臨機応変に取る社員の姿を見る機会が増えています。これは社員同士のコミュニケーションが活性化していったことの賜物だと私は考えています。

②部門を超えた「横のつながり」が強くなる

月1回の環境整備点検に同行すると、他の部門や支店の人たちとコミュニケーションをとることになります。

環境整備は社内コミュニケーションを円滑にする仕組みでもある

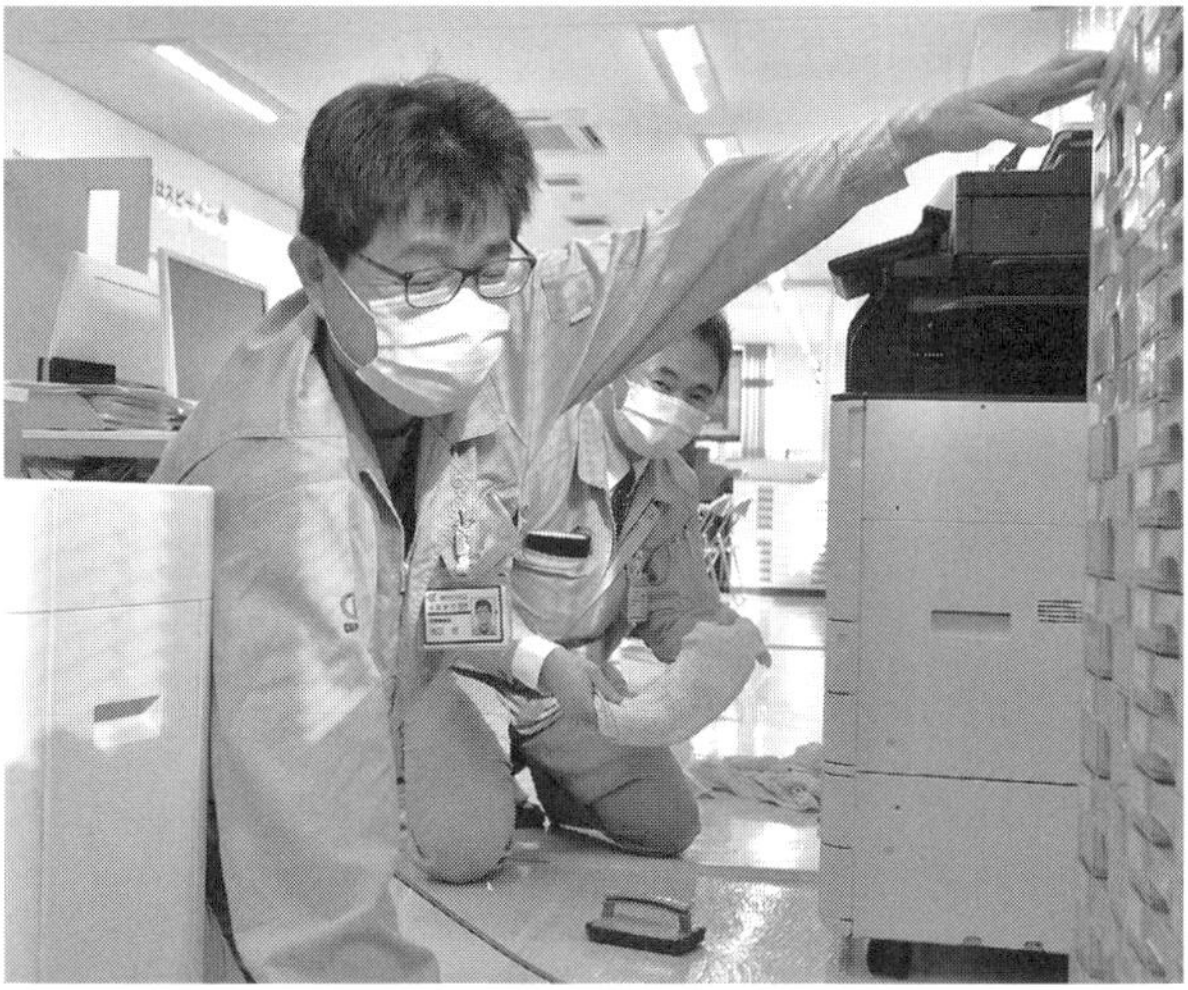

こうなると否が応でも、相手の名前を覚えますし、相手の人となりにも触れることになります。

その結果、これまで希薄だった部門を超えた**「横のつながり」が形成されるように**なっていきました。

さらに現在は、各種会議や定期的な飲みニケーションなど、環境整備以外にも部門を超えて顔を合わせる機会がいくつもあるため、横のつながりはますます強固になってきていると感じます。

横のつながりが強くなったことのメリットとして私が強く感じるのは、会社が何か新しいことを始める際、**「全体の行動が揃う」**ことです。これは会社の成長にとって非常に大きなポイントです。

③社員から改善につながる提案が出るようになる

環境整備の効果として私にとって大きかったのは、**社員が改善提案を積極的に出すようになった**ことです。

以前のコプロスは、社員からさほど提案の出る会社ではありませんでした。それが、環境整備が社内で定着していくに従い、「言われなくても、自分で考え、提案する」姿勢の社員が増えていったのです。

これは、環境整備点検で点数がとれなかった箇所を、次回点がとれるようにするためにどのようにすればいいか、改善策を考え、実行し、検証する習慣、すなわちＰＤＣＡサイクルを回す習慣が身についていくからです。

とりわけ、総務部の女性社員たちでこうしたことが起こってきています。

たとえば、グーグルカレンダーを活用した全員のスケジュールの見える化や、ＤＸ（デジタルトランスフォーメーション）に関連したさまざまな改善など、「情報の環境整備」につながる提案が次々と出されています。

また、現在、機材等をしまっている当社の倉庫は、取引先の会社様の多くから「すごい」と評価していただけるくらいモノが揃った状態で置かれています。

しかし、これは私が指示したわけではありません。

倉庫を担当する部門の社員が、ある会社の見事に整理整頓された工場をベンチマーク（見学）させていただいた後、「社長、うちの倉庫も、あの会社さんみたいに整理整頓してもいいですか？」と提案してきたのがスタートでした。その結果、一気に倉庫の環境整備が進んでいったわけです。

整理整頓された倉庫は社員たちにとって使い勝手がいいだけでなく、取引先の方々から「コプロスはしっかりした会社だ」と評価していただく1つの材料にもなっています。まさに一石二鳥。私としては提案してくれた社員には感謝しかありません（そのための費用として1500万円をかけました）。

余談ですが、先日、高校生の採用活動の一環で、工業高校のPTAの方々に倉庫を見学していただいたところ、みなさんから「きれいでビックリしました」という感想を多数いただきました。採用活動でのアピール材料にも環境整備が貢献しているのです。

環境整備が行き届いた倉庫は社員の改善提案から実現した

技術教育の一環として、手順化・標準化を推進

●「見て覚えろ」で技を伝えていくことの限界

社員教育について具体的に見ていきます。

まず「技術」についてです。

土木建設業界では、技術の習得については、「見て覚えろ」が慣例です。

もちろんこのやり方にも優れた部分がいくつもあると思いますが、その一方で、デメリットの部分や今の時代に合わない部分もあります。

私がとくに気になっているのが、技術の向上が「本人任せ」になってしまいがちなところです。

技術をもっと向上させていきたい人は、誰に言われるでもなく自分でいろいろ試行錯誤しながら技を磨いていきます。一方で、仕事に対してそれほど向上心のない人もいます。その場合、「見て覚えろ」で放ったらかしにしていると、なかなか身につきません。

その結果、どうなるかというと、両者の技術の差はどんどん開いていき、組織内において技術の二極化が起こりやすくなります。

会社が成長していくには、実力のある「エース」社員だけが頑張るのではなく、社員一人ひとりが力をつけ、社内全体の技術を高めていくことが重要です。

それには、技術の習得を本人任せにせず、会社が学ぶ機会をきちんと提供し、技術を磨いていくのをしっかりとサポートしていくことが不可欠です。つまり、「見て覚えろ」ではなく、社員教育という仕組みの中で社員一人ひとりを育てていく。

また、急速に進む少子化により、今の日本は労働人口の減少の局面を迎えています。とりわけ、土木建設業界は人手不足が深刻で、若い人がこの業界になかなか入ってこなくなる一方で、優れた技術を持つベテラン社員たちは次々と定年を迎えています。その結果、これまで培われてきた技術が、次の代に継承されず、途絶えてしまうことが、さまざまな場所で起こっています。

ベテランが現場から去ってしまえば、「見て覚えろ」どころではありません。

●技術を見える化し、社内で共有する

こうした現状を踏まえ、以前から私は、土木建設業界で続けられてきた「見て覚えろ」の教育方法を何とかする必要があると感じていました。

ただ、土木建設の世界は「経験工学」としばしば言われるように、経験の蓄積が物を言う世界です。つまり、現場経験の場数を踏むことで技術力が鍛えられていく部分が非常に大きく、座学でいくら学んでも、現場では通用しないことが多々あります。

だからこそ、「社員教育」をしづらかったともいえますが。現状を考えると、そうも言っていられません。こうした「経験によって磨かれていく技術」を、現場で「見て覚える」だけでなく、社員教育を通じても身につけられる仕組みが必要です。

どうすれば、これまで培ってきたコプロスの「技術」を、社内で共有し、各社員たちの技術の習得・向上につなげていけるのか。そうした模索を続ける中で見つけたのが、**コプロスで行われているそれぞれの仕事について、手順化（マニュアル化）や標準化（フォーマット化）し、それをデータベース化して共有する**、という方法です。

たとえば、以前は、土木や建築の現場の「工程表」（工事の各工程と納期までの期間を表にしたもの）を作成するのでも、その手順も書式も社員一人ひとりで異なっていました。

そこで手順をマニュアル化し、かつ統一のフォーマットをつくり、現在は、「それに書き込めばよい」という形にしました。

一人ひとりで手順もフォーマットも異なるというのは、かなり非効率です。標準化（統一のフォーマット）により、この作業が楽になったと社員たちからの評判も上々です。

恥ずかしながら、この工程表以外にも、本来は手順化・標準化できるものなのに、それらがなされていないものが当社には結構ありました。そこで現在、「手順化・標準化できるもの」をリスト化し、それらのマニュアル化・フォーマット化を進めているところです。

さらに、最近始めたのが、デジタル技術を活用した**社員それぞれが持っている技術の「見える化」**です。具体的には、各現場での作業を撮影し、写真や動画にして社内で共有し、各社員たちがスマートフォンやタブレット等でいつでも見られるようにしています。なお、当社では**iPadとiPhoneを全社員に支給**しています。

写真や動画を使って「現場仕事を見える化」したことによって、他の社員が現場で実施した仕事を疑似体験することができるようになり、社員一人ひとりの技術の向上につながり始めています。

一定年齢以上の社員だと、こうしたデジタル技術の活用に苦手意識を持つケースも

iPad・iPhone などにより、可視化・手順化・標準化が加速

少なくありませんが、当社の場合、老若問わず、さほど抵抗感なく受け入れている印象です。その理由を私なりに分析すると、毎日の環境整備を通じて、変化への適応能力が鍛えられたからでしょう。

土木建設業界では、さまざまなところでデジタル化が加速しています。そのため、当社の社員たちのデジタル対応能力の高さは頼もしい限りです。

「資格取得」を確実にするための仕組み

●取得させるために、取得を昇格の条件にする

土木建設業界では、仕事を遂行する上でどうしても資格が必要になることが多々あります。

たとえば、現場の責任者になるには、土木なら土木施工管理技士、建築なら建築施工管理技士の資格を持っている必要があります。

そのため、当社では、できるだけ短期間に、独り立ちして現場を取り仕切れるようになるべく、**資格取得と昇給を紐づけて、社員たちに資格取得を促しています**。つまり、資格を取得しなければ、役職も上がらず、給料も上がらない仕組みをつくることで、社員たちに資格取得に励んでもらっているわけです。

こうした仕組みをつくることは、社員たちの**キャリアパスを明確にする**ことにもつながります。

社員たちのモチベーションを維持、向上させる上で、キャリアパスが明確なことは重要です。

キャリアパスがはっきりしていないと、具体的な目標も立てづらく、「そこに向けて頑張る」とはなりづらいでしょう。一方、「この資格を取得すれば、こうなる」という道筋がはっきりしていれば、目標も具体的になり、それが仕事に対するモチベーションアップにもつながります。

さらに、資格取得に向けて社員の意欲を高めるために、それぞれの資格について、各人の進捗状況をグラフにして、誰が取得済で、誰が未取得なのかが一目でわかるようにしています。

そのため、資格取得について手を抜いていれば、自分の進捗グラフは、他の人よりもガクッと下がります。そのことが職場の全員の目に触れるわけですから、まわりより遅れをとっている社員は、多少の恥ずかしさを感じることでしょう。そこから、「やらねば」という気持ちを引き出していく。見える化にはそうした意図もあるわけです（逆も然りで、頑張っていれば、それもまたほかの社員たちに知ってもらえます）。

●「仕組み」だけではモチベーションが上がらない社員への対策

ただ、こうした仕組みを整えても、資格取得に一生懸命になれない社員もわずかですがいます。

たとえば、新入社員は、会社が準備したステップ通りに順調に資格を取得していけば、入社3年目で上のクラスに上がれます。ところが、そのステップ通りに進んでいかない社員もいます。仕事の実力はあるのに、なぜか資格取得には前向きに取り組んでくれないのです。

また、ベテラン社員の中にも、取得に向けての金銭的なサポートを会社が行っても、そのための勉強に時間を割かず、なかなか合格できない人もいます。

「就業時間内に資格取得の勉強をしてもＯＫ」というルールを導入しているので、勉強時間は確保しようと思えば、できるはずです。

あの手この手で資格取得がしやすい環境を整えても、それに乗ってきてくれないわけですから、困ったものです。ただ、ここで諦めるわけにはいきません。こうなったら根競べで、彼らが資格取得にベクトルを向けてくれるまで、その重要性をしつこく言い続けています。

外部研修は、社員が成長する起爆剤になる

●「社外の人」からの教えのほうが素直に受け入れられる

当社では、社内で実施している社員教育以外に、**外部の研修**を社員たちに受講してもらうようにしています。

研修費を全額、会社が負担するだけでなく、受講すると日当も支給しています。

こうした外部研修は、社員の成長を促進するのに非常に役立っています。実際、研修を受講した社員が一皮むけて戻ってきた例は数え切れないくらいあります。

代表的なものは上司や部下に対するコミュニケーションが大きく変わり、相手の話を傾聴できるようになる変化です。

たとえば何か頼んだときのレスポンスが格段に速くなるといった具合です。メール等で「これを教えて」と頼むと、あっという間に返信があり、私自身、ビックリすることもしばしばです。

外部研修がなぜいいかというと、それは「社外の人」に教えてもらえるから。同じことであっても、社内の人間（たとえば私だったり、上司だったり）が言うよりも、社外の人が言ったほうが、素直に受け入れやすい。そういった人間の心理があります。

また、こうした研修講師の方々は、その道のプロであり、さまざまな事例を直接、間接に経験された方々です。「こうすると、こうなります」という話にも説得力があります。そうした部分でも、社員たちには腹落ちしやすいのだと思います。

●ベンチマークは社員たちの大きな学びの場になっている

こうした講師による外部研修のほかに、他社を見学させていただく**「ベンチマーク」**を最低でも月1回、行っています。参加するのは、私と、数名の社員です（同行する社員は、そのつど異なります）。

私自身、このベンチマークの効果は非常に大きいと感じています。

というのも、こうしたベンチマークが社員たちを大いに刺激してくれるからです。その結果、会社の仕組みに関する大きな改善を彼ら自身が提案し、それに取り組んでくれることがしばしばあります。


86ページでも紹介しましたが、ある会社の工場をベンチマークさせていただいたのをきっかけに、当社の倉庫の環境整備が一気に進みました。

これは、ベンチマークに同行した社員の提案で実現したわけですが、彼は、その会社のとんでもなく整理整頓された工場内部の風景にインパクトを受けたようです。会社に戻って早々に、「社長、うちの倉庫も、あんなふうに整理整頓してもいいですか？」と提案をあげてきました。

じつはこの社員は、もともとそんなに積極的に提案をするタイプではありませんでした。しかし、このベンチマークでの「感動」が彼をここまで突き動かしたのでしょう。彼のこの変化を見て、すごいものを直接自分の目で見ることの効果は、非常に大きいのだと改めて実感しています。

ほかにも、同じ土木建設業の会社さんをベンチマークさせていただいたときには、「工事成績評定」の点数アップについていろいろ教えていただきました。その見事さに参加した社員たちは相当感動したようで、その後、「工事成績評定」を高めるための社内勉強会を定期的に開催。実際の点数アップにつなげているところです。

人づくりの取り組みを始めるまでは、社員たちが他社を見学する機会はほとんど設けていませんでした。それどころか、社内においても、他部門を見学するということも稀でした。

そのため、社員たちはコプロスで働く限り、「自分が属する部門だけしか知らない」状況でした。

しかし、これではやはり成長するにも限界があります。人が成長する上で、外の世界を直接、自分の目で見ることはとても重要です。

そもそも人間の心理として、「人から言われて」よりも、「自分で気がついて」行うほうが、モチベーションも、行動のエネルギーも高くなります。また、そうした行動のほうが定着しやすいでしょう。

ベンチマークにはそうした効果があると感じています。今後も積極的に実施していくつもりです。

「先輩が手取り足取り教える」がコプロス流の新入社員教育

●先輩たちの仕事を手伝いながら、技術を習得していく

ここからは新入社員教育についてご紹介しましょう。

コプロスの新入社員教育を一言でいうならば、**「仕事を通じて、先輩が手取り足取り教える」**です。

新入社員たちは、入社後すぐに、配属された部署において先輩たちの下について、さまざまな仕事を手伝います。たとえば、土木であれば、最初に手伝うのは「測量」です。

先輩たちの仕事を手伝うことを通じて、だんだんと仕事を覚え、さらに技術を習得していく流れです。そして、1年目、2年目、3年目……と年数を重ねるに従い、仕

事を覚えていくスピードが上がっていきます。実際、新卒社員の中では一番の古株である**6年目の社員は、現在、売上が1億円規模の案件を担当**するまでになっています。

●先輩がインストラクターとなり、資格取得をサポート

また、土木や建築の仕事では、現場で実際の作業にあたるため、さまざまな「資格」が必要になることは前述しました。

建築であれば「建築施工管理技士」、土木であれば「土木施工管理技士」の資格を最低でも持っていないと、現場の責任者になれません。

そのため、土木建設会社の社員の場合、「仕事に必要な資格」を取得することも業務の1つとなります。

そこで、「資格取得」の習慣を新入社員のうちから身につけてもらうべく、CAD等のいくつかの資格については**「インストラクター制」**を導入し、**「資格取得のために先輩が教える」**仕組みも整えています。

これは、先輩が「インストラクター」となって、1対1で習得のためのノウハウを、自分の経験を通じてアドバイスする、というものです。「インストラクター」を引き受けた先輩社員には1回あたり3000〜5000円の「手当」を支給します。

「タダ」で教えるとなれば、本音の部分で「めんどうだな〜」となりがちです。一方、お金がもらえるとなれば「引き受けようかな」となりやすくなります。また、教えてもらう新入社員にとっても、タダで教えてもらうよりも、有料で（支払うのは会社ですが）教えてもらったほうが気楽です。そうした判断から、手当を支給することにしました。

このインストラクター手当は社員たちに好評なようで、「お小遣い稼ぎになる」と積極的に引き受けてくれる社員が結構います。基本的には若手社員にお願いしているのですが、定年になった元社員がお小遣い目的で「やります」と立候補してくれることもあります。

先輩がインストラクターになって新卒を教える

●メンター制度によって、新卒社員が定着するようになった

そのほか、**「メンター制度」**も導入しています。

これは、年次が1つ～2つ上（理想は1つ上の前年度の新入社員）の先輩が、新入社員の「メンター」（助言者、指導者）となって相談に乗ってあげたり、助言してあげたりするものです。

新卒社員の場合、1年間、このメンターがつき、仕事、プライベートに関係なくいろいろなことが相談できるようになっています（中途採用の場合、半年間）。相談しやすくするために1対1での定期的（月に1回程度）な飲み会もメンター制度の中に組み込まれています。

じつは、初の新卒採用となった新卒1期生のときは、このメンター制度を実施していませんでした。理由は単純で、メンターになれる若い社員がいなかったからです。しかし、先述した通り、彼は1年で辞めてしまいました。その理由として、新入社員がたった1人だったため、仕事等での悩みを相談し、共有できる存在がいなかったことが大きかったのだと思います。

メンターが新卒の不安を解消してくれる

そうした反省を踏まえて、2期目からは「メンター制度」を導入。**できるだけ年齢の近い社員に、「お世話係」の立場で新入社員を密に関わってもらう**ことにしました。

導入から6年が経ちましたが（現在7年目）、年々、うまく機能するようになっていると感じています。実際、2018年以降、新卒採用で退職した社員は1人だけです（新卒採用スタート以来の定着率は90％）。

新卒社員たちに話を聞いても、**「先輩も同じようなことを経験されている場合が多く、具体的なアドバイスがいただけてありがたかった」**とか、**「メンターの先輩が積極的にコミュニケーションをとってくださったので、不安をあまり感じることなく会社や仕事になじんでいけた」**など、好評なようです。

また、メンターを引き受けた社員たちからも、後輩に教えたり、悩みを聞いたり、それに対して助言をしたりといった経験を通じて、さまざまな気づきがあり、それが自分自身の成長にもつながっているといった感想をたびたびもらいます。

新入社員だけでなく、メンター、そして会社にとってもメリットのある制度だと実感しています。

進化し続けるコプロスの新人教育

●「5年」で新卒社員を一人前に育てるプログラムがスタート

２０１５年から試行錯誤しながら改善に改善を繰り返してきたコプロスの新入社員教育ですが、２０２１年度から新しい仕組みがスタートしました。

それが、新卒社員を5年で一人前に育てる**「コプロシアン成長プログラム」**です。土木部とケコム部において、２０２１年度の新卒社員から実施し始めました。

このプログラムが目指すのは、**「新卒社員たちに、よりスピーディーに技術を習得してもらうこと」**です。

我々としては、新入社員たちにできるだけ早く、何千万円、何億円という仕事を動かせる一人前の人材になってもらいたい。そうした社員が増えていったとき、当社は一段と飛躍することが期待できます。

そこで、ベテラン社員たちに、新卒社員たちがよりスピーディーに育つための教え方について知恵を出してもらいました。

たとえば、土木やケコムの部門で一人前になるということは、現場を取り仕切れるようになる、ということです。それにはやはり、経験値が重要になります。つまり、現場での経験を積み重ね、場数を踏んでいくこと。

従来は、そうした形で社員たちは技術を身につけてきましたが、この方法だとある程度の時間がかかります。その時間をなんとか短縮できないかと、ベテラン社員たちに検討してもらったのです。

彼らいわく、土木やケコムの仕事で一人前になるには、最低でも5年はかかる。では、その「5年」で新卒社員を一人前に育て上げるにはどうすればいいかをベテラン社員たちが徹底的に議論。彼らの経験と知恵を結集して生み出されたのが、「コプロシアン成長プログラム」です。

社員の成長を加速させるコプロシアン成長プログラム

このプログラムは、現場で実地に身につけていくカリキュラムと、いわゆる研修で学んでいくカリキュラムの2つによって構成されています。

各年度で実施するトレーニングが項目化されていて、終了するとチェックがついていきます。また、「測量ができる」「線形曲線が描ける」「CADができる」など、各年度で達成すべきことも項目化され、達成できたら、これもチェックがつきます。

このプログラムがスタートしてまだ日は浅いですが、新入社員たちの成長の速度が加速していることを感じています。というのも、かつては**3年かからないとできなかったことが、入社1年目でもできるようになっている**からです。また、例年の新入社員たちよりも「先輩の話をよく聞く」という声を社員たちから聞くようになりました。教える側にもこのプログラムは好評なようで、「新入社員がどこで躓《つまず》きやすいかが明確になって、要領よく教えやすくなった」と感じる先輩社員も多いようです。

最初の「コプロシアン成長プログラム」が終了するのは、2025年です。そのとき、2021年度の新入社員がどこまで成長しているか、それを今から楽しみにしているところです。

定着率アップのキーワードは「構ってもらえる」

●さまざまな形で「構ってあげる」仕組みを構築

すでに述べたように、当社の新卒の定着率は最初から高かったわけではありません。「どうすれば定着してくれるだろうか」ということをさまざまに検討し、改善に改善を重ねてきました。その甲斐あって定着率が上がっていったのです。

実際、ここ数年、1年目の新入社員の表情が以前とは違うと感じます。

採用活動を始めた当初の新入社員たちは、入社後、だんだんと表情が暗くなっていくのがわかりました。そうした表情を見るにつけ、希望を持って入社してくれた彼らに本当に申し訳ない気持ちになったものです。それが今は、みんなそれなりに悩みもあるとは思いますが、基本的には明るい表情で日々の仕事に取り組んでくれています。

こうした表情の変化や、それが数字となって表れている定着率のアップなどを実現できたのには、さまざまな要因があると思います。その中でとりわけ大きいのが、当社では**「構ってあげる」ことが仕組み化**されている点です。

たとえば、先述したメンター制度やインストラクター制度は、まさに「構ってあげる仕組み」の典型例でしょう。

毎朝の環境整備の時間も「構ってあげる仕組み」の1つといえます。というのも、この時間は先述のように「おしゃべりをしながら」が原則だからです。そこではメンターやインストラクター以外の先輩や上司も積極的に話しかけてくれます。ときには、社長の私が話しかけることもあります。まさに、会社のさまざまな立場の人間が新入社員を構ってあげるわけです。

また、当社では、「飲みニケーション」重視の立場から、さまざまなメンバーでの社内飲み会が「仕組み化」されています。こうした場は、毎朝の環境整備以上に打ち解けた会話になりやすく、また参加者全員が会話に参加できるようルール化されているので、新入社員にとってはこれも「構ってもらえる」いい機会になります。

●人間は基本的に構ってもらいたい

よく言われるように「愛情」の対極にあるものは「無関心」です。人間誰しも「構ってほしい」ものです。放っておかれると、寂しいし、その場にいてもつまらない。場合によっては居心地も悪くなります。

これは人間社会の原則のようなもので、会社の人間関係においても例外ではありません。職場で放ったらかしにされてしまえば、やはりつらい。一方、気にかけてもらって構ってもらえれば嬉しいし、その場所に対してプラスの感情、さらには親近感も持ちやすくなると思います。

だからこそ、社員に定着してもらいたいのであれば、気にかけてあげ、構ってあげることが欠かせません。さらに、それを一時的なものでなく、継続的に行っていくには、社内で仕組み化していくことも重要です。

現在、こうした「構ってあげる」は新卒社員だけでなく、中途社員に対しても同じように行われています。中途社員たちからは**「構ってもらえるので、スムーズに会社になじんでいけました」**という感想をしばしば聞きます。

こうした感想を聞くにつけ、「まわりが気にかけてあげて構ってあげる」ことが当たり前のように共有できてきたのだと感じます。

価値観教育は、人材流出を防ぐ切り札である

●社長に共感する人を増やすための教育

ここまでコプロスのさまざまな社員教育について紹介してきましたが、こうしたもののほかに、**「価値観教育」**にも取り組んでいます。

価値観教育とは、会社全体で「価値観」を揃えていくための教育のこと。つまり、会社（もしくは社長）と社員の価値観を一致させていくことが目的です。

これは、わかりやすく言うと**「社長に共感する人」**を増やす教育といったところでしょうか。

少子化が進む中、今の日本の多くの会社が人手不足に陥っています。とくに深刻なのが、我々のような中小企業です。そうした会社が生き残っていくために不可欠なの

が人材戦略であり、中でも「社員一人ひとりの生産性を上げること」と「人材の流出を防ぐこと」の2つを徹底する必要があります。

これまで解説してきた技術面での社員教育は、まさに前者の「生産性を上げる」ためのものです。一方の価値観教育は、後者の「人材の流出を防ぐ」のに有用な方法といえるでしょう。

なぜなら、教育によって価値観が一致していけば、社員は社長の価値観に共感し、そう簡単には辞めない可能性が高くなるからです。また、価値観が揃っていけば、社長の掲げる経営方針や目標の共有がしやすくなり、それが組織力の向上、かつ組織の成長へとつながっていきます。

●繰り返すために仕組み化する

では、当社ではどのようにして価値観教育を実践しているのか。

会社全体で価値観を揃えていくためには、会社の価値観がしっかりと彼らの頭の中に残るようにしていくことです。

一方で、一度教育しただけでは定着しません。10回、50回と繰り返しても忘れます。何百回、何千回と繰り返すことで少し記憶に残る程度です。

そのため、価値観教育で大事なことは、しょっちゅう社員たちに、会社の価値観に触れてもらい、意識してもらうことです。それには、そのための機会を、会社の「仕組み」の中に組み込んでいくのが近道です。仕組みに組み込まれれば、自動的に価値観に触れざるを得なくなるからです。

そうした仕組みとして、当社では**「環境整備」**や**「朝礼」**、**「人事評価制度」**などを活用しています。

★環境整備

この章の冒頭で紹介した「環境整備」は、それそのものが「価値観教育」だといえます。

毎朝、社員全員で、同じ時間に、それぞれのその日の担当箇所を徹底的にきれいにする。こうやって、みんなで揃って同じことをすることで、価値観が揃いやすい環境がつくられていく。形を揃えて、心を揃えるわけです。

さらに、月に1回の環境整備点検では、会社の価値観に沿って評価が行われます。このときの点数は各社員の賞与にも関係しますし、また成績優秀チームにはご褒美も出ます。そのため真剣に取り組む社員も多く、それによって無意識のうちにそれぞれの社員の中に会社の価値観が浸透しやすくなります。

当社では環境整備を2013年から導入しましたが、振り返ってみると、環境整備を通じて、「社内で価値観を共有する」という姿勢を学び、それを実現していくための下地をつくっていったと感じています。

そして、現在も、そうした「下地」を崩さないための仕組みとして、環境整備は大いに機能しています。

★朝礼

当社では、毎朝10分、環境整備をする前に、各部門において朝礼を実施しています。部門ごとでの実施ですが、行う時間も、行うことも全部門一緒です。

朝礼は価値感を揃える教育の仕組み

そして、この朝礼こそが、「言葉」でコプロスの価値観を社員たちに伝え、浸透させていく絶好の機会になっています。

というのも、朝礼では「経営計画書」や「行動四原則」など、当社の価値観を文字化したものを、声に出して読み上げたり、聞いたりするからです。

繰り返し触れることでコプロスが大事にしていることが、それぞれの社員の意識ならびに無意識に刷り込まれていきます。

その結果、仕事のさまざまな場面で、刷り込まれた「言葉」がするりと口から出てくるようになっていきます。さらに、その言葉に沿った行動もとれるようになっていきます。まさに社員の価値観が揃っていくわけです。

当社では年に1回、会社のスローガンを社員たちから募っていますが、それを見ても、コプロスが大事にしている価値観が少しずつですが社員たちに浸透してきているのを感じます。

たった10分の朝の習慣ですが、会社の価値観を揃えていく上で、非常に有用な仕組みになっています。

★人事評価制度

人事評価においても、「価値観の共有」が重視されています。

「経営計画書」にも「能力よりも価値観（考え方）を共有できることを重視する」と明記。実際の評価においても価値観の共有に関する項目を設けています。

●慌てない。繰り返すことで浸透させていく

人にはそれぞれ育っていく中で形成されていく価値観があります。なので、コプロスという会社に入り、毎朝、繰り返しコプロスの価値観に触れたからといって、それがすぐに定着する、というものでもありません。

実際、「すぐになじめる人」のほうが少数派で、「なかなかなじめない人」のほうが多数派でしょう。中には、どう頑張ったところで、ほぼ１００％なじめないということも稀にあります。その場合、どう働きかけても、こちらの価値観になじんでもらうのは不可能でしょう。

価値観というものは、そもそもそういうものなのだと思います。

だからこそ、私自身、「早く定着させよう」とか、「このときまでに定着させなければいけない」といったことは考えていません。何年もかけて、同じことを繰り返し続け、そうすることで自然と定着していくのを待つスタンスです。「価値観の定着には時間がかかる」と腹を括っているわけです。

とはいえ、新卒で入った社員たちは、社会人としてはまっさらな状態で、しかもコプロスの価値観を理解した上で入社してきます。たとえば環境整備にしても、取り組むのが当たり前だと思っているため、ベテランの社員や中途入社の社員よりも素直に会社の価値観を受け入れている印象です。そして、そのような新卒社員が増えてくると、周囲も影響を受けて、組織全体にコプロスの価値観が浸透していくのです。

第3章

働きやすさが人をつくる

「経営計画書」でコプロスのルールを明確にする

●会社の「数字」と「ルール」を記したものが経営計画書

この章では、コプロスが「働きやすい環境」づくりとして取り組んでいることについて述べていきます。

当社では職場が社員にとって働きやすい環境であり続けるために、さまざまな仕組みを整え、必要に応じて、それらを改善し続けています。

そうした「働きやすい環境」づくりのスタートとなったのは、2013年から始めた**「経営計画書」**の作成です。経営計画書とは、簡単にいえば、会社の「ルールブック」です。会社の今と将来の「数字」を明確にするとともに、その会社で働く社員が守るべき「ルール」が1冊の手帳に記されています。

経営計画書はコプロスのルールブック

「働きやすさ」という点を考えたとき、**職場に「明確なルール」が存在することは重要**です。

経営者や上司などからの指示がコロコロ変わり、振り回される状態は、その下で働く社員にとって苦痛です。こうした状態に陥らないためには、経営者も含めた全員が遵守しなければならない「明確なルール」を決めておく必要があります。

そうした「ルール」があれば、経営者など決定権のある人がブレそうになっているときに、社員は「それはルールから外れていきます」ときちんと進言することができます。それによって組織はブレることなく、目指す方向に進んでいけます。

コプロスでも、こうした考えのもと経営計画書を作成し始めました。

経営計画書は、1回作成したら終わりではなく、毎年、世の中の流れや会社の現状に合わせて内容を更新していきます。

また、その年の経営計画書の内容は、**「経営計画発表会」**を通じて、社員や取引のある金融機関や来賓の方々に発表します。

経営計画発表会で新年度の方針を発表し、来賓の方々に会社の雰囲気を見ていただく

なお、この発表会は2部構成で、第1部は経営計画書の発表、第2部は懇親会です。この懇親会では社員たちがさまざまな余興を披露。会社の雰囲気を知っていただくいい機会になっています。

●「5年で売上倍増」の長期計画を立てる

経営計画書は、主に**「数字」と「ルール」**で構成されています。

「数字」の部分では、売上高や粗利益額、人件費、経費、販売促進費、減価償却費、営業利益、経常利益などについて、今期の計画数字を作成するほか、今後5年間の長期計画についても作成していきます。

この「長期計画」では、**5年で売上を倍増させる計画**を立てます。

「5年で売上を倍増」というのは、かなり無茶な計画かもしれません。しかし、「倍増」を目指すのには理由があります。

その1つが、時代は私たちの都合にかかわらず大きく変わっていくからです。そのときに今までと同じことをしていたら現状維持どころか、衰退していくことは明らかです。５年で売上を倍にする計画を立てることで、必然的に新しいことに取り組まざるを得なくなるわけです。

もう１つの理由は、社員たちのためです。たとえば、新卒で入社してきた社員には、その後、結婚をしたり、子どもが生まれたり、自宅を購入したりとさまざまなライフイベントが待っています。それらに合わせて社員たちの給料もあげていく必要がある。そのために、やはり社長は、長期にわたって会社を成長させていかなければなりません。だからこそ、「５年で売上を倍増」を目指すのです。

経営計画書のもう１つの構成部分である「ルール」については、環境整備や人事評価、昇給、福利厚生、安全、受注など、コプロスで仕事をしていく上でのさまざまな決まりを具体的に記しています。

●イラストを使って「つねに携行」のイメージを定着させる

実は、経営計画書を作成した当初、社員たちからはその存在すら意識されていませんでした。その証拠に、配布された経営計画書の大半は、各社員の「机の中」が定位置となっていて、つねに携行している社員はほとんどいませんでした。

あるとき、その事実に気づいた私は、「これはまずい」と思い、頭をひねりました。なにせ社員たちのためのルールを記しているのです。肝心の社員たちに読んでもらわなければ意味がありません。

そこで思いついたのが、ビジュアルを使って「つねに携行」のイメージを社員たちに定着させることでした。

作成2年目の2014年度の経営計画書からは、**「コプロスの正しい身だしなみ」**と題して、経営計画書を手に持った男性&女性社員のイラストを掲載することにしました。

さらに、携行しているかをチェックする機会も定期的に設けることにしました。たとえば、月1回の環境整備点検や全体朝礼などで携行し忘れていると、ペナルティーを科すことで、携行を徹底させています。

また、習慣的に読み返してもらうために、朝礼で、決められた箇所を読み合わせることも行っています。

「コプロスの正しい身だしなみ」を経営計画書に掲載

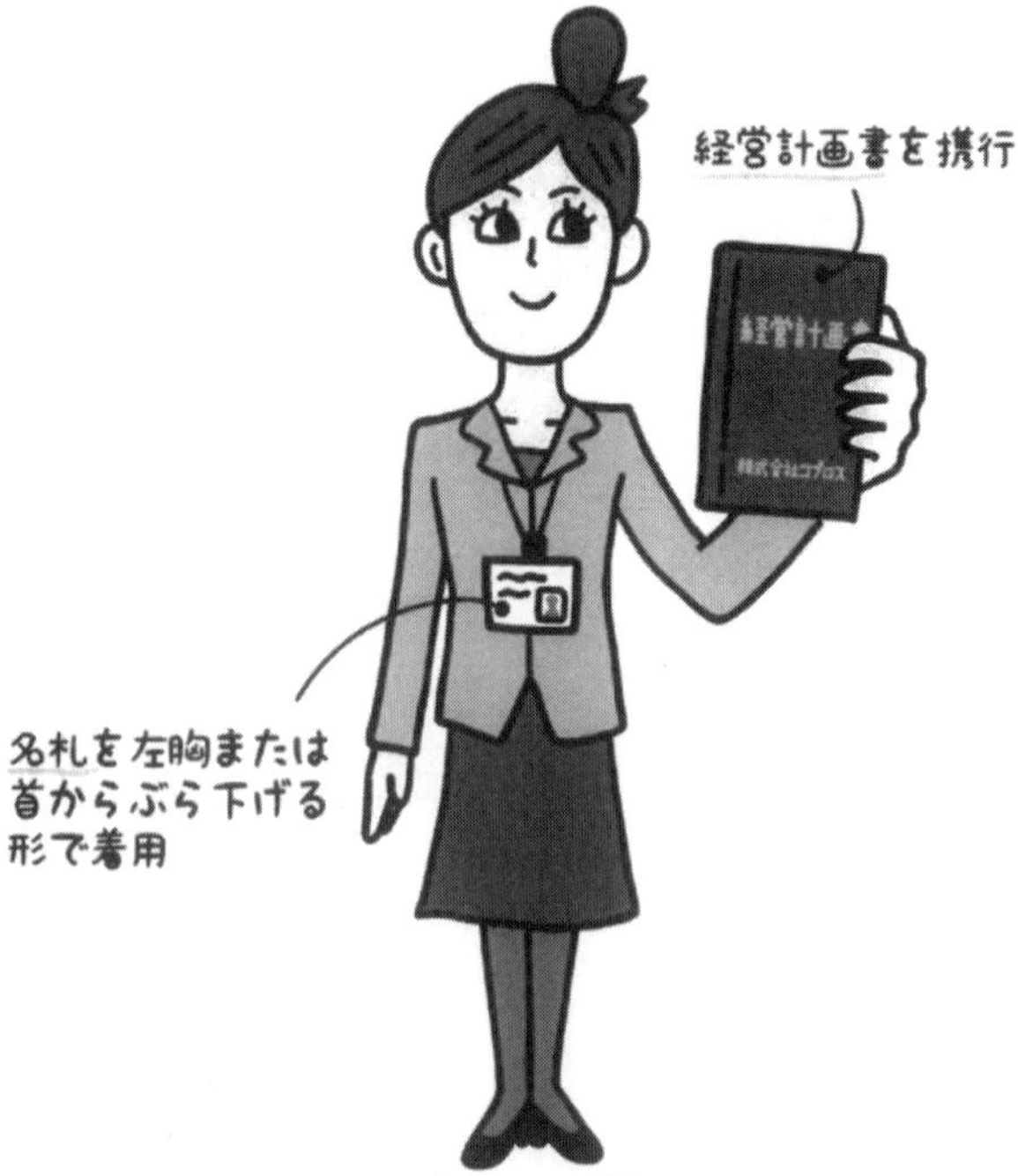
経営計画書を携行
経営計画書
株式会社コプロス
名札を左胸または
首からぶら下げる
形で着用

《女性社員》

こうした仕組みを整えていった甲斐あって、当初「大切に保管」されるだけだった経営計画書は、今では「携行」が定着してきています。また、朝礼等を通じて、少なくとも1日1回は目を通すことになるので、書かれている内容についての認知度もアップしていると感じています。

とくに、自分が関係する箇所についての社員の関心度は強いようで、たとえば、賞与だったり、手当だったり（つまり「お金」の個所です）については、飲み会等でもさまざまな質問や提案が出ます。それを聞くにつけ、「よく読んでいるなぁ」とこちらも感心するくらいです（欲をいえば、お金以外の部分についても、それくらい関心を持って読んでほしいところではありますが）。

「経営計画書」のすごい効果

●ルールの明文化で、社内外の対応がしやすくなる

2013年から経営計画書の作成をスタートして、現在（2022年）までに10冊をつくりました。そのなかで「会社が経営計画書を持つ」ことのメリットや効果などを年々、実感しています。

メリットの1つは、なんといっても**金融機関からの信頼度がアップした**ことです。5年先まで見越した長期計画を持つことを評価していただいています。

また、経営者としては、社員に対して**「経営計画書に書いてある」**の一言で、たいていのことが済んでしまうメリットもあります。

たとえば、63期（2017年度）から「飲酒運転は解雇」というルールを入れることにしました。

経営計画書にルールとして明文化しておけば、実際にそうした事例が発生した際に、当該社員に対して、「経営計画書に書いてあるのだから、解雇されても仕方がないよね」と言えます。私自身も、それがかわいがっていた社員であっても「ルールはルールだから」と腹をくくり、温情を捨てることができます。

一方、社員たちは、社外対応においてこうしたメリットを感じているそうです。たとえば、社外で無理難題を言われたときに、「当社の経営計画書に書いてありますので」という一言で対応できて、楽になったという声をよくもらいます。

●現場での事故が減った！

もう1つ、私自身、驚いているのが**現場での事故が減少**したことです。

土木や建設の現場では、数多くの危険な作業を伴うため、事故が起きるリスクはつねにつきまといます。

当社の場合、①転落・落下、②架空線、埋設物の切断、③現場内車両の移動時の衝突事故が、「3大事故」であり、これらが現場事故の9割を占めています。

会社にはこうした事故を徹底的に防ぐことが求められるわけですが、当社では、さまざまな仕組みを使って各現場で安全管理を徹底させるだけでなく、経営計画書にも**「安全に関する方針」**という項目を設けています。

そこには部門ごとに発生しやすい「多発重大事故」を列挙。さらにこれらの事故の予防対策や、事故が起きた際の処理順序・報告のルール、安全に関する社内活動、安全パトロールのルール、車両の駐車や運航のルールなどを記載しています。

記載はたった2ページで、内容もとてもシンプルなのですが、こうしたページをわざわざ設けた効果は大きかったようです。

経営計画書にこの項目を設けるようになって以降、なんと年々、現場での事故が減少しているのです。

事故が減った理由を私なりに分析すると、その1つとして、「言葉」にすることで、社員たちに強く意識づけできるからでしょう。

たとえば、社員たちは、経営計画書を見ることで、多発重大事故の内容を「文字」で認識します。

さらに、朝礼など事あるごとに、「うちで多発している重大事故は何？」という質問も繰り返しているので、多発重大事故について「音声」でも頭にインプットしていきます。

こんな具合に、多発する重大事故の内容に頻繁に触れていれば、頭の中にしっかりと刷り込まれていきます。

その結果、現場での仕事中も自然と、そうした事故を起こさないよう注意できるようになります。それが現場での事故減少につながっているのではないかと私は考えています。

●社員の声も反映しながら、経営計画書は毎年進化し続ける

経営計画書の作成は、基本的には経営者である私の仕事ですが、その内容に、社員の意見や提案、リクエストなどが反映されるようになってきています。

というのも、さまざまな場で社員たちから「なぜ、こういうルールがあるのですか？」「このルールは、こういう内容に変更したほうがよいのでは？」「こういうルールをつくってみては？」といった話が出てくるようになったからです。

これは、私にとって喜ばしい現象です。なぜなら、社員たちが経営計画書を真剣に読んでくれるようになった証拠だからです。

彼らから寄せられるそうした意見や提案などに耳を傾けることは、社員たちの現状やニーズ等を把握する絶好の機会になります。私のほうではそれらを1つの判断材料にして、経営計画書に新しい項目を追加したり、逆に削除したり、内容を変更したりしています。

「飲みニケーション」という新しい文化を導入

●環境整備と飲みニケーションの相乗効果で、社員同士の会話が増えた

当社では、「働きやすい職場づくり」の一環として、「**飲みニケーション**」を大いに推奨しています。

「飲みニケーション」とは、**食事会（飲み会）を活用して、社内のコミュニケーションを活性化する**、ということです。

コプロスでは「飲みニケーション」の場を確実に確保するために、会社の制度として、次の食事会（飲み会）を定期的に実施しています。

【実施している飲みニケーション】

・社長と幹部のさし飲み（社長・幹部1名）
・社長と中堅クラスの飲み会（社長・社員3名）
・新入社員とメンターの飲み会（新入社員・メンター役の社員）
・環境整備点検の優勝チームの飲み会（チームメンバー）
・支店での環境整備点検の際の飲み会（社長・同行社員）
・各イベント終了後の打ち上げ（イベントの実行スタッフ）
・各部門での忘年会（部門メンバー・まれに社長も）

以前の当社は、それほど「飲みニケーション」を重視しておらず、会社全体で新年会や忘年会を実施する程度でした。

社員同士で飲みに行くというのはそれなりにあったようですが、社長の私が社員と飲みに行く機会はそれほどありませんでした。というのも、入社当時から私は「営業」を担当していたため、「仕事は社外にある」とつねに社内よりも社外との付き合いを優先してきたからです。

飲みニケーションは社内コミュニケーションを活性化する仕組み

だからこそ強く感じるのですが、「社内のコミュニケーションの活性化」において、飲みニケーションの効果は絶大です。

実際、当社の場合、飲みニケーションの数を重ねていくにつれ、毎朝の環境整備の効果と相まって、社内のコミュニケーションが以前のそれとはまったく別物になっています。

まずなんといっても、職場において社員同士が、雑談も含めてよく会話をするようになりました。会話をする機会が増えれば、相手に対する親近感や信頼も深まりやすくなります。その結果、同じ会社で働く「仲間」という意識をそれぞれが持てる関係になっているようです。

社員の表情にしても、以前より生き生きしている人が多く、職場の雰囲気もずいぶんと明るくなったと感じています。

そして、面白いことに、**社内のコミュニケーションがよくなるにつれ、それに比例するように、利益も伸びていきました。**

中小企業の場合、「社内のコミュニケーションを密にすることが、会社の成長につながる」としばしば言われますが、当社でも会社が伸びていく上で社員同士のコミュニケーションがいかに重要なのかを改めて実感しているところです。

飲みニケーションは「制度」ゆえに、さまざまなルールあり

●「3つの質問」ルールで会話がしやすい環境をつくる

「飲みニケーション」の場である各種の「食事会」（飲み会）は、会社の「制度」として実施しているため、いくつかの「ルール」があります。

★一部会費制

当社の場合、制度として実施している「飲み会」の場合、「全額会社持ち」にはしていません。社員たちから**一律1000円の「会費」を徴収**しています。

また、飲み会以外に、コミュニケーションの一環として社員と私とで朝食や昼食を一緒に取ることがしばしばあります。

このときも、全額、社長の私が払うことはせず、朝食は100円、昼食は200円ずつ、同行した社員から「会費」を徴収するようにしています。

お金を徴収するのは、私なりの考えがあります。それは、毎回、「全額会社持ち」だと、「会社が出してくれるのが当たり前」となってしまい、よくないからです。

ただ、会費を徴収するからには、社員たちには十分に満足してもらいたい。そのため、それぞれの会ではそれなりに値が張る名店で美味しいものを食べてもらうようにしています。

たとえば、京都支店に環境整備点検に行く際には必ず、同行した社員を先斗町にあるすき焼きの名店に連れていくのが定番になっています。また幹部との「さし飲み」で最近よく利用させてもらっているのは、下関にある有名てんぷら店です。

実際、いい店に連れて行くと、社員たちの満足度が変わります。飲みニケーションを始めたばかりの頃は、1人あたり3000～5000円くらいの居酒屋で済ませていたのですが、その頃と比較すると社員たちの表情が違います。

せっかくの飲みニケーションの機会を有効活用するためにも、「ケチケチしない」

ことは非常に重要だと実感しています。

★翌日に悪影響を及ぼさない時間に解散

社員それぞれの都合もあるため、開始時間をルールとして決めてはいませんが、**18時半スタート・20時半終了が基本**になっています。

以前、まだ残業が多かった頃は、「21時スタート」なんてこともありました。しかし、こうなると終了が23時頃になってしまいます。そうなると翌日の仕事にも影響しかねません。

私自身、翌朝5時起きということも多く、終了時間が遅かった頃は、睡眠時間を大幅に削るハメになり、しんどい思いをしました。

そこで「このままではいけない」と思い、可能な限り18時半スタートになるようにしました。その結果、それが定着しています。

また、基本的には**「1次会」のみ**としています。ただ、私と幹部、もしくは中堅社員との食事会（飲み会）において、彼らともっと話す必要がある場合は、カクテルバーのような店に連れて行き「2次会」をすることもあります。ただし、その場合でも、22時頃には解散するようにしています。

お酒も入ると、会話も弾みます。しかし、それで夜遅くまで飲んで、翌日に悪影響を及ぼせば本末転倒です。そのために、「遅くならない時間に解散」がルールになっているのです。

★社長への「3つの質問」

私はもともと社員たちとまめにコミュニケーションをとるタイプの社長ではありませんでした。そのため、この「食事会」（飲み会）の制度がスタートした当初、「いったい何を話せばいいのか……」という不安がありました。

そこで、「あること」を食事会（飲み会）のルールとして取り入れることにしました。それは、**「参加者に『社長への3つの質問』を持ってきてもらう」**というものです。

たとえば、1対1のさし飲みであっても、相手から3つも質問をしてもらえれば、その回答で時間はあっという間にすぎていきます。人数が増えればなおさらです。その結果、「会話がなくて場がもたない」という事態は避けられるわけです。この方法のおかげで、どの食事会においても、私はかなり楽をさせてもらっています。

私に何を質問するかで悩ませてもいけないので、質問は「何でもいい」としています。すると、本当にいろいろな質問が出てきます。

とくに多いのが、「人事評価」と「お金」に関する質問。「取締役っていうのは、どうしたらなれますか?」とか、「子供教育手当は、なぜ大学生の子には支給されないのですか?」などなど。

社員たちからのこうした質問は、食事会（飲み会）での会話の潤滑油になるだけでなく、私にとっては、社員たちのニーズやリクエスト等をキャッチするまたとない機会にもなっています。ここで受け取った社員たちの意見等は、先述したように、翌期の経営計画書に反映されることも少なくありません。

また、最近では、そこで出された意見や提案が新規事業のヒントになるということもあります。

社長と社員の距離感が大きく変化していった

●社員たちの中に入っていくものの、会話が進まず……

「環境整備」と定期的な「飲みニケーション」によって、社内のコミュニケーションは大きく変わっていきました。しかし、その中で**もっとも変化したのは実は社長である私**なのではないかと感じてます。

人づくりや働きやすい環境づくりを始める以前、私の関心は、もっぱら「社外」にありました。「社外の人たちと密に付き合っていかないと、仕事がとれない」と思い込んでいたからです。そのため、社外の付き合いが最優先。社員たちのコミュニケーションにまったく意識が向かず、「社員とコミュニケーションをとっていこう」という発想はほぼありませんでした。

そのため、当時の私は、社員たちにとってかなり話しかけづらい社長だったと思います。私のほうも、社員たちと接する機会があまりなかったこともあり、彼らとはどこか距離をとりがちでした。

ところが、環境整備がスタートすると、そう言ってもいられなくなりました。なにせ環境整備自体が、社員たちの中に入って、どんどんコミュニケーションをとる仕組みだからです。

たとえば、毎朝の環境整備では、社内をグルグル回りながら、「社員たちに話しかける」ことを続けます。

毎月の環境整備点検では、各部門を回って環境整備ができているかできていないかをチェックするわけですから、そこで自然と会話が生まれます。また、点検には毎回異なるメンバーの社員たちが同行します。終日一緒にいるわけですから、いやおうなくコミュニケーションをとることになります。

こうしたことを毎日のように繰り返すわけですから、だんだんと社員たちと会話をすることがそれほどしんどくなくなっていきました。

環境整備点検は社長と社員がコミュニケーションをとる仕組みでもある

それどころか、だんだん楽しくなっていきました。

こうした私の変化と比例するかのように、社員たちのほうでも、私に対する「話しかけにくさ」が払拭されていったようです。こちらが話しかけると、打ち解けた言葉を返してくれる社員も多くなり、また社員のほうから私に話しかけてくれることも増えていきました。

さらに、さまざまな「飲みニケーション」の制度もスタート。それにより、私と社員たちとのコミュニケーションは量も質もさらに増し、今では、月の3分の1程度は、社員たちとの食事会（飲み会）で夜の予定は埋まっているほどです。

●社員の顔つきが変わってきた

これだけの頻度で社員と顔を合わせているわけですから、今では、113名いる全社員の名前もしっかり頭に定着しています。

恥ずかしながら、以前は「あれ、彼の名前、何だったけ？」ということもたまにありました。しかし、今はそうしたことは一切ありません。

こうやって社長がしっかりと社員一人ひとりに目を向けるようになると、自然と社員の私に対する姿勢も変わっていくようです。

以前は、社内で私の姿を見かけると、私に対して怒っているのか、不満をアピールしているのかわかりませんが、みんなブスッとした表情で私を見ていました。ところが、今はそうした表情を見かけることがありません。話しかければ、ほとんどの社員がにこやかに返事をします。

また、指示を出した際も、社員たちはさっと動いてくれます。「これについて教えて」とお願いしたりすると、あっという間にレスポンスがあるので、その素早さに私のほうがビックリさせられています。

こうした社員たちの変化を見るにつけ、**「社員とのコミュニケーションを密にすること」**の大切さを実感として理解できるようになっています。

●社員たちの中に入り込まないと、仕事の本当の楽しさは見えてこない

会話だけでなく、社員と一緒に仕事をする機会も増えました。

月1回の環境整備点検は、数名の社員が同行し、一緒にチェックを行います。また、最近は、営業に同行する機会も増えています。

社員たちの中に入って一緒に仕事に取り組むようになると、仕事の本当の楽しさ、面白さは、ある程度、その中に入り込み、そこにいるメンバーたちと苦楽を分かち合わなくては得ることができない、と感じます。

今さらながら組織で仕事をすることの面白さを味わっているところです。

はっきり伝えたほうが信頼される

●傾聴はするけど、「ノー」もはっきり伝える

社員とのコミュニケーションが密になっていくにつれ、私自身、以前に比べて社員に対して「してあげたい」「やってあげよう」といった思いが自然に湧いてくるようになっていきました。昔は、そんなことを考えたこともなかったので、自分でもこうした変化に驚いているほどです。

とくに自分でも「変わった」と思うのが、社員に対して**仕事だけでなくプライベートの面でも世話を焼く**ようになってきていることです。

飲みニケーションの場で、若い社員から、「出会いの場がないんですよ」なんて話を聞くと、今の私はそれを聞き流せません。

取引先を訪問した際など、雑談がてら「いい人、いませんか?」といった話をついついしてしまう「お見合いおばさん」ならぬ「お見合いおじさん」となっています。実際にそれで「お見合い」が実現したケースもいくつかあります。

こんな具合に、今や、結構「面倒見のいい社長」になったせいか、社員たちから相談事をされたり、「こういう制度があると嬉しい」といったリクエストをされたりする機会が多くなってきています。

そうした話には、私はじっくり耳を傾けます。そして、できる限り包み隠さずに、私の考えを述べるようにしています。

もちろん、社員に対して耳障りのいいことだけを話すわけではありません。「ノー」を言わなければいけないケースもあります。ただそのような場合でも、その理由をしっかり伝え、こちらが社員の声を受け止めていることが伝わるようにしています。

むしろそれによって、社員からの信頼感が高まっているように感じます。

「人事評価制度」で、上司部下の風通しがよくなる

●毎月の上司部下面談で、意思疎通を図る

当社では**「人事評価制度」**もまた、スムーズな社内コミュニケーションの実現に一役買っています。

というのも、評価のために**毎月１回、上司・部下の１対１の面談（上司部下評価面談）を行う**ことになっており、それが上司と部下との風通しをよくするためのいい機会になっているのです。

面談では、「評価シート」に基づいて、部下と上司は、それぞれが４分という制限時間の中で自分たちの意見を述べていきます。

具体的には、まず部下が自分の持ち時間で「私はここを頑張りました」など自己評価を伝えます。それに対して上司が残りの4分で、「その通りだね」と肯定したり、「この部分については、私はそうでなく、こうだと感じているよ」と指摘したりして、フィードバックしていく流れです。

「評価シート」という基準をベースに、お互いの思っていることを開示していくため、自己認識と他者認識の一致やズレを確認していくことができます。

こうしたやりとりは、部下にとっては仕事の進め方の改善につながっていきますし、上司にとっては部下の考えや、今、何に躓いているのかといったことを知り得るいい機会になっています。

面談によって意思疎通をし合える機会を毎月設けているため、この人事評価制度を導入してしばらくすると、上司たちから「部下が言うことを聞いてくれるようになった」という報告が多く寄せられるようになりました（以前は、その逆の部下が多かったようです）。

●「頑張っています」アピールをする社員が激減

こうしたコミュニケーションの改善効果のほかに、私自身がこの人事評価制度の効果の1つとして感じているのが、社員たちのアピールの仕方が変わってきたことです。

この人事制度を導入する以前は、「私は頑張っています」というオーラを出しまくってアピールする社員がたくさんいました。中でも多かったのが、残業や休日出勤など、労働時間の長さで「頑張って働いています」をアピールするタイプです。

私が社長に就任して最初の10年間は、人事評価制度というものはなく、社長である私の感覚で評価が決まっていました。ですから、社員たちからすると、「頑張っています」アピールが、手っ取り早く評価を上げる方法だと思っていたのでしょう。

それが人事評価制度を導入したことで、「頑張っています」オーラがあまり意味をなさなくなりました。残業や休日出勤等で「人一倍働いています」とアピールしたところで、評価シートで求められる働き方ができていなければ、評価にはつながらないからです。

そのことに社員たちも気づいたのでしょう。今、社内を見渡してみると、無意味な

「頑張っています」オーラでアピールする社員はほぼ皆無です。

そんなことに無駄なエネルギーを注ぐよりも、**評価シートできちんと評価される働き方をして、より効率的に評価をアップする**。あるいは、**評価面談等で上司と意見をすり合わせて明確になった今の自分の課題に取り組んで、よりスピーディーにいい結果を生み出す**。そうした働き方をする社員が増えてきているように思います。

その結果、今のコプロスは、社員一人ひとりが自ら仕事のやり方を改善し、生産性を高めようとする雰囲気になっています。

●社長は直属の部下以外、評価にノータッチ

ちなみに、社長である私は、直属の部下である幹部以外の社員については、その評価に基本的にはノータッチです。各上司が行った評価について最終決定するのが私の役割です。

その際、上司部下評価面談と同じく、社長の私も全社員と面談を行いますが、これは1人当たり時間にして1～2分程度。評価するのが目的ではなく、私が社員たちと

直に顔を合わせて、コミュニケーションをとることが目的です。

ですから、この面談で私が「こうしろ」「ああしろ」と言うことはありません。「点数が上がってよかったね」とか、「ここの点数が下がったから、評価がBなんだね」といった会話をする程度です。

賞与支給前には、社長の私も出席して、上司・部下の3者で面談を行いますが、この時点では支給額の計算は済んでいるので、その場では支給額を告げるだけです。

社内のコミュニケーション活性化のために「異動」を活用

●わが社が「異動」を実施する2つの目的

当社はもともと、部門間の「異動」がほとんどない会社でした。基本的には、入社後に配属された部門でキャリアを積んでいき、その部門（土木、ケコム、建築など）のスペシャリストになっていきます。

こうした状況は現在、いくらか変化しています。以前よりも1〜2割程度、異動の頻度が増えてきているからです。

「異動」の機会を増やしているのには、大きく2つの目的があります。

1つは、ときどき組織をシャッフルすることで、**組織を活性化させるため**です。この場合、各部署のエース級の社員を移動させます。

たとえば、環境整備点検を続けていると、「毎回点数がいいチーム」と「なかなか点数が伸びないチーム」という二極化が起こりがちです。そして、常勝チームを観察してみると、「『この人』がいるから、毎回、いい点数がとれる」ということがしばしばあります。PDCAサイクルを回していくのが得意だったり、改善のレベルが高かったりする人です。

そこで、この言ってみれば「エース級の社員」を思い切って別の部署に異動させるわけです。すると、異動先の部署は、このエース級社員の存在が起爆剤となって、考え方や動き方といったものが大きく変わっていくことがしばしばあります。

こうした「いい変化」を社内で生み出すために、異動で組織をシャッフルしていくわけです。

もう1つの目的は、**業務の手順化・標準化**（88ページ）**がきちんと機能するかを確認するため**でもあります。

現在、総務部については、すべての手順化・標準化が完了しています。そのため、担当者が病欠した場合でも、誰かが「代役」をこなせる体制が整ってきています。そこで、それらの「手順化・標準化されたもの」が実際に機能するかをチェックするために社員の異動を行っているわけです。

●異動に抵抗を示す社員が減ってきた

異動がめったにない会社だったこともあり、当初は皆、異動を嫌がる傾向にありました。とりわけ部門が変わるような大きな異動は、たいていの社員が強い抵抗を示します。それがたとえ「出世街道」につながるような異動であっても、です。

異動の辞令が出ると、私のところに「どうしてですか？　私、何か悪いことをしましたか?」と直談判に来る社員もいたくらいです。その場合、私も必死になって「何も悪いことはしていませんよ。この部署にあなたが必要だから、異動するんだよ」と説得したものです。

しかし、この状況も変化してきました。「年に1回（4月）、必ず異動がある」ことを繰り返すうちに、社員たちも「異動」に慣れていったのか、抵抗を示すことが少なくなっていきました。

こうした変化には、環境整備を10年近く続けてきたことも大きいでしょう。改善活動を続け、変化への耐性がついてきたことで、異動も含めて「新しいこと」にチャレンジするのを厭《いと》わない社員が増えてきているのです。

最近は、異動の辞令を出しても、４分の３くらいの社員は、「仕方がないぁ」と受け入れてくれます。社員たちが、意外とあっさり異動を了承してくれるので、私としては拍子抜けしてしまうくらいです。

２０２１年４月付で４人に異動してもらいましたが、このときは全員「わかりました」とすんなり受け入れました（もっとも彼らが所属する部署のトップたちからは「彼（彼女）のおかげでものすごく助かっているのに、社長、なんで異動させるんですか！」と大ブーイングでしたが）。

また、異動への抵抗が減っただけでなく、中には、「新しい部署では、何に取り組もうかな」と、異動を前向きに捉える社員も出てきています。若い社員ほどそうした傾向が強いように感じます。

●異動を伝える際のコミュニケーションも大事

もちろん、社員たちの「異動」への抵抗が弱まったからといって、そこで安心してはいけないと、私自身は肝に銘じています。異動を社員に告げるときには、慎重に事を進めるようにしています。

たとえば、異動させることが私の中で決まったら、毎朝の環境整備の際に、その上司や本人に軽くその話をするなどの根回しは欠かしません。

また、異動を伝える際の言い方にも気を使っています。以前は、「あちらの部署に異動ね」とつっけんどんに告げるだけでしたが、今は、違います。その社員の性格などを考慮しながら、どういう言い方をすれば彼（彼女）がスムーズに受け入れるかを事前によく考え、声をかけています。

先ほど述べた通り、社員の多くがすんなりと受け入れているため、私の働きかけはうまくいっているようです。

「仕事に人をつける」で残業が激減

●「残業をさせない」を徹底することで、残業が減っていった

以前の当社では、「残業」が常態化していました。

とくに、土木や建築、ケコムなどの技術系部門では、終了時間は17時なのに、21時とか22時頃まで仕事をしているのが当たり前の状態になっていました。総務などの事務系部門でも、多くの社員が19時、20時頃まで仕事をしていました。

これに対して、現在、**事務系部門ではほぼ残業ゼロを実現**できています。**技術系部門でも残業時間が30時間程度**になってきています。そのため、現在のコプロスは、**18時を過ぎると、会社にほとんど人が残っていません**。

これだけ「残業をしない」文化が浸透すると、逆に残業をしていると、「仕事が遅

い人」と見なされるようになってきます。それがまたいいプレッシャーになるようで、社員一人ひとりはますます「残業をしない」ために、あの手この手で知恵を絞ります。その結果、さらに仕事の効率がアップして、残業が減っていく……と、良い循環ができているのを感じます。

こうした状況は、同じ建設業界から転職してきた中途採用の社員にとっては、かなり驚きのようです。

というのも、土木建設業界の一般的な傾向として、昔から「遅くまで仕事をする」を「善」とする風潮があり、それゆえに長時間労働が常態化している会社が少なくないからです。

ところが当社に転職したら、残業すると「頑張ってるね」とほめられるどころか、「仕事が遅い」と見なされてしまう。上司や先輩からも「残業なんてしないで、さっさと帰れ」と言われる。すごいカルチャーショックを受けるそうです。

●なぜ、残業減を実現できたのか？

当社で残業が減っていった要因には、社員一人ひとりの仕事の効率化の努力もありますが、会社そのものの構造的な変化も見逃せないと思います。

中でも、残業の激減には、大きく2つの変化がプラスに働いたと私は考えています。

1つが、新卒採用を含め積極的に人を採用していったことです。それにより、かつての人手不足が解消され、社員一人ひとりの仕事量が減り、残業時間も減っていったわけです。

もう1つが、**「ダブルキャスト化」の推進**です。ダブルキャスト化とは、同じ役割を担える人を2人以上用意する、というものです。

当社では業務の手順化・標準化を進めていると述べましたが、手順を記したマニュアルや、標準化されたフォーマット等が存在することで、各業務について担当以外の人間もこなせるようになります。その結果、「人に仕事がつく」のではなく、**「仕事に人がつく」**状態を実現できているのです。

現在、総務部ではすべての業務で手順化・標準化が完了。ダブルキャスト化が加速度的に進んでいます。

その結果、1人でこなしきれない仕事量のときには、他の人に手伝ってもらうことが当たり前のように行えるようになっています。

総務部では現在、「残量ゼロ」を実現できていると述べましたが、業務の手順化・標準化によるダブルキャスト化の推進がそれを可能にしたと言っても過言ではありません。

また、手順化・標準化が現在、発展途上である技術系の部門においても、手の空いている人が「手伝う」のが、仕組みとして行われるようになってきています。

ある部署の社員からの提案で始まった仕組みを紹介しましょう。どのようなものかというと、それぞれのスケジュールを書き込むホワイトボードに、**自分が空いている時間について「お手伝いできます」と書いていく**のです。

この提案を聞いたとき、私自身、実はビックリしました。そんなことを書けば、「私は暇です」とアピールしているようなものです。それより何より、わざわざ自分の仕事を増やすようなことをして、しんどくないのか、と。

「お手伝いできます」も残業時間を大きく削減

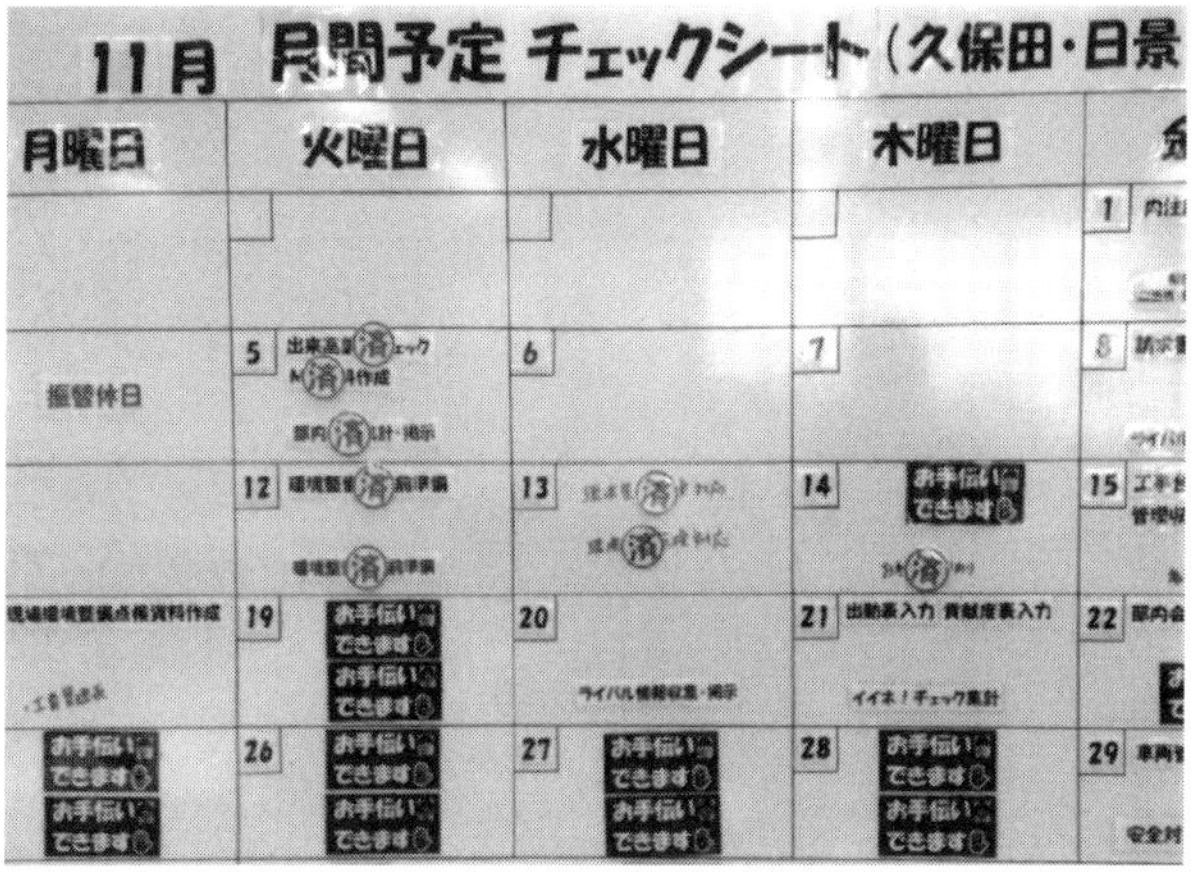

ところが社員たちに聞くと、**「みんなで手伝って、早く終わったほうがいいですから」**と、あっけらかんとしています。私は「下手に突っ込んだらいけないな」と思って、社員たちにやらせてみることにしました。

すると、予想に反して、きちんと機能したようで、仕事を分配する仕組みとして、今ではどの部署においても定着しています。これもまた、残業時間を減らすのに一役買っているといえるでしょう。

頑張ってくれている社員に、「手当」で感謝や激励、応援の気持ちを示す

●「コプロスで働いていると、いいことがあるかも」と思ってもらいたい

私は社員たちに「コプロス」という会社で長く働いてもらいたいと思っています。それには、「コプロスで働いていたら、何かいいことがあるかも」という期待感やワクワク感のようなものが実は大切だと考えています。「明日も会社か。つらいな……」と思う状態では、あまりにしんどいですから。

そして、そうした期待感やワクワク感を持ってもらうためのツールの1つに、福利厚生があります。この福利厚生の中で、とくに私が力を入れているのが、「手当」です。

コプロスには、たとえば次のような「手当」があります。

【コプロスの各種手当】

・研修手当
・インストラクター手当
・メンター手当
・数方庭《すうほうてい》手当
・親孝行手当
・長期出張手当
・禁煙手当
・住宅手当
・子供教育手当

これらの手当はそれぞれに具体的な目的もありますが、共通するのは、「頑張ってくれている社員に感謝を示し、かつ社員たちに喜んでもらいたい」という思いです。

私のこうした「思い」が社員たちにどれだけ通じているかはわかりませんが、給料や賞与以外に「手当」としてお金が支給されることには、社員たちも喜んでくれているようです。

●下に行くほど支給額が高くなる子供手当

とくに社員たちから好評なのが、**「子供教育手当」**です。

当社では、この手当を中学生と高校生の子供のいる社員に支給していますが、他社とは一味違う2つの特徴があります。

1つが、**支給対象が「第5子まで」**ということ。「第3子まで」とする会社が多いと思いますが、思い切って「5人目まで手当を出すよ」としているのです。ただ、今の時代、5人もお子さんがいる家庭は稀で、当社も今のところ「第4子」までしか払ったことはありません。

もう1つが、**下の子供になるほど金額が高くなる**ことです。具体的には、第1子が5000円、第2子が6000円、第3子が7000円、第4子が8000円、第5子が9000円です。

ある女性社員からの「下に行くほど、物入りになる」という話からこうした費用設定にしたのですが、これが社員からすこぶる好評です。

好評なのは、下に行くほど金額が増えるため、上の子の手当が終了しても支給額の減りが緩やかかといった部分かもしれません。

中には、「大学生のほうがお金がかかるから、支給の範囲を大学生にまでしてほしい」というリクエストもありますが、これについては、今のところ「なし」。「下に子供がいれば、その分、支給額も多くなるので、それでなんとかして」としています。

そのほか、若手の社員たちから好評なのが、**インストラクター手当**（3000～5000円／回）や**メンター手当**（3000円／回）、**数方庭手当**（2000～2500円／日）などです。

これらは若い人たちにはちょっとしたお小遣い稼ぎになるらしく、こうした役割を喜んで引き受けてくれる若手社員が結構います。

数方庭手当とは会社の近くにある忌宮《いみのみや》神社で毎年7日間にわたって開催される夏祭り（数方庭祭）の手伝いに行った際に支給されるものです。

地域貢献活動の一環として、40年ほど会社を挙げてこの夏祭りの手伝いをしています。

お祭りは毎晩夕方から夜にかけて行われるので、担当となった社員たちには、終業後に手伝いに行ってもらいます。就業時間外なので、「タダで手伝ってこい！」とも言えないので、手当という形でアルバイト代を支給しているわけです。

●ものすごく頑張ってくれている社員には、ポケットマネーで感謝を示す

ここまで紹介したものは、会社の制度として実施している「手当」です。それとは別に、会社のためにすごく頑張っているチームのメンバーに対して、私のポケットマネーで「感謝の気持ちを示す」こともしています。

毎年12月、彼らの自宅を訪問し、ご家族にすき焼き用のお肉をプレゼントしているのです。

これは言ってみれば、特定社員たちに対する「特別扱い」です。

つまり、えこひいき。

こうしたことが、社長のやることとして、正しいのか間違っているのか実際のところ、私にはわかりません。ただ、会社にすごく貢献してくれたチームがあれば、本人たちはもちろん、彼ら彼女らを支えるご家族にも、会社は苦労をかけてしまっているわけです。

だから、そんな社員たちの労をねぎらいたいし、ご家族には感謝の気持ちを示したい。「そのためにはどうすればいいか」と考えたときに、この形になりました。

この「特別手当」を始めてから、数年になりますが、もともと社員に対してこんなことをするタイプではなかったこともあり、最初はとても恥ずかしかった。でも、社員のご家族たちがとても嬉しそうな顔をしてくれるのを見て、「やってよかったな」と思い、毎年続けています。

第 4 章

人をつくる経営

売上拡大のためにランチェスター戦略をスタート

●さらなる成長に向けて「営業力の強化」に取り組むことに

新卒採用を行って人手不足を解消しながら、そこに社員教育の仕組みを整え、人材のレベルアップを図る。同時に、働きやすい環境をつくり、社員の負担を減らして生産性を高めるだけでなく、コミュニケーションを活性化させることで、組織力も強化する。こうした取り組みが功を奏して、コプロスはこの10年で利益が約2倍になりました。

そして、現在、さらなる売上や利益の拡大を目指して、新しい取り組みを始めています。

それが**「営業力の強化」**。

以前の人手不足だった頃とは違い、今はたくさん仕事をとってきても、それをまわしていけるだけの人手も人材も揃っています。ならば、「営業」にも力を入れていき、受注する仕事を増やし、売上の飛躍的な拡大を図っていこうというわけです。

そこで導入したのが、**「ランチェスター戦略」に基づいた営業手法**です。

ここで簡単に「ランチェスター戦略」について解説しておきましょう。

ランチェスター戦略とは、一言でいえば、弱者が強者に勝つための戦略です。中小企業が大企業と同じ土俵で戦えば負けるのが世の常です。中小企業が生き残っていくには、大企業とは別の土俵で戦うのが賢明です。

その戦い方を教えてくれるのがこの戦略です。

その要諦を一言でいうなら、**「戦う市場をできるだけ絞って、そこでシェアナンバーワンを目指す」**です。そのためのキーワードは**一点集中主義**。「やらないこと」を決めて、かつ「やること」を絞り、そこに資源を集中していきます。そうすることで、その市場でシェアナンバーワンを勝ち取っていく、という戦略です。

●「トップ営業」で社長自らランチェスター戦略を実践

といっても、環境整備のように、最初から会社全体で取り組むのは簡単ではない。そこで、まずは私ひとりが、ランチェスター戦略を学び、その後、社長自らが営業に出る「トップ営業」で、ランチェスター戦略を実践し、新規開拓をしていくことにしました。2018年のことです。

1年半ほど続け、ある程度の販路が広がっていった段階で、今度は、社内の営業部隊を巻き込んでランチェスター戦略を実践していく形にシフトすることにしました。人が1人でできることには限界があります。新規開拓や既存顧客へのフォロー、お客さまの声の収集などをさらに強化すべく、組織的に取り組んでいくことにしたのです。

当初はランチェスター戦略を土木、建築、ケコムなど、すべての部門の営業部隊で実施しようと考えていました。

ところが、ランチェスター戦略をすべての部門に浸透させていくのは簡単なことではありません。それこそランチェスター戦略のいうところの「一点集中」をしていかないと、モノにできないことがわかりました。

そこで、現在は建築部門で集中的に実施しているところです。ただ、いずれは、すべての部門の営業において、ランチェスター戦略を導入する計画です。

営業力の強化で、コプロスの武器がまた1つ加わった

●土木建設業では珍しい「営業がお客さまをまわる」

このように売上拡大を目指して「営業」を強化しているわけですが、実はそのこと自体が、同業他社と戦う1つの「武器」になっています。

というのも、土木建設業界において、「お客さまに直接アプローチする」という営業手法を採用している会社は少ないからです。

たとえば、土木業界での営業活動の主流は、一昔前であれば「顔を売る」ことで有利な立場になること、でした。そのため、私自身も、以前は地元のライオンズクラブや青年会議所などの会合にせっせと出席して「顔を売る」ことに精を出していました。そうすることで、仕事がとりやすかったからです。

現在は「入札」で勝つことが、土木において仕事をとるための重要な方法となりました。入札で勝つには、「工事成績評定」で高得点を獲得していくことが不可欠です。そのため、いわゆる「営業活動」よりも、土木建設会社としての実力をいかに高めていくかが求められるようになってきています。

建設業界の場合、主な集客方法は、駅などに大きな広告を出したり、テレビやラジオ等でコマーシャルを積極的に流したりすること。つまり、「メディア」を活用していくのが一般的な営業方法であり、こちらからお客さまのところに出向いて、営業することはあまり行いません。

こうした業界の「慣習」をあえて破り、「お客さまが来てくださるのを待つ」のではなく、**「自分たちでお客さまをピックアップして、自ら足を運び、売り込む」**。こうした営業スタイルは、冒頭で述べた通り、今のところ、ほとんどの同業他社が行っていません。そのため、ライバルとの差別化につながり、当社の「武器」になり得るわけです。

もちろん、我々の営業力はまだまだ発展途上です。また2020年以降、新型コロナの影響で経済そのものがダウンしていて、どこも財布の紐が堅くなっています。ランチェスター戦略の「一点集中主義」に則って、現在、建築部門では幼稚園やこども園への法人営業を集中的に展開していますが、今のところ、「どんどん仕事をとれるようになった」というわけではありません。

それでも、営業でまわっていれば、こちらの顔を売っていくこともできます。そのことは、今後の受注につなげる意味でも不可欠と考え、社員も私も、地道に訪問を続けています。

●部門を超えた受注につながることも

お客さまに直接アプローチする手法は、ライバルとの差別化の「武器」になるだけでなく、面白い波及効果も生むようになってきています。

それは、実施している建築部門での受注だけでなく、他の部門への受注にもつながるケースが出始めていることです。

たとえば、ある幼稚園から修繕工事のお仕事をいただいたケースです。

そこで働くある先生のご自宅の裏山が崩れかけた際、自治体に相談したところ、工事を請負える土木業者のリストの中に当社の名前を発見。その先生は、幼稚園の工事の際の当社の仕事ぶりを気に入ってくださっていたようで、「コプロスさんなら、安心して任せられる」と、建築部門の担当者を通じて土木部門のほうに仕事を発注してくださったのです。

土木の仕事は官公庁からの発注がメインで、民間、それも個人の方からの発注は通常、ほとんどありません。それが「建築部門のお客さまつながり」という思わぬところから発注をいただき、私自身も驚きました。

こうした波及効果は、お客さま訪問を継続していく中で、今後も増えていくことが期待できます。

●お客さまのニーズを把握するための情報収集としても活用

お客さま訪問の副次的な効果はそれだけではありません。当社の得意分野でもある技術開発においても、変化をもたらしてくれています。

営業部隊が収集してきた大量の「お客さまの声」からお客さまのニーズを分析し、それを技術開発に活用していく流れができ始めているのです。

これはマーケティング用語でいえば、**「マーケット・イン」**の発想です。つまり**「市場のニーズを把握し、それに応えるものをつくり、売る」**という形です。

序章で紹介したように、当社はかつて「プロダクト・アウト」の発想で技術や商品を開発しがちでした。プロダクト・アウトとは、マーケットのニーズよりも、自社の「やりたいこと」「できること」を優先して商品等を市場に提供することです。以前の当社では、市場のニーズをあまり見ずに、「これは必ず売れるはずだ」という思い込みで技術や商品を開発してしまうことが多々あったわけです。

それが経営を厳しくする要因の1つとなり、その反省を踏まえ、現在は「マーケット・イン」の発想に方向転換しています。

そして、その際に営業部隊が営業で集めてくる「お客さまの声」が、まさに市場のニーズを把握する重要なデータとなってくれているわけです。

さらに、お客さま訪問は、開発した技術や商品に対する、お客さまの意見を聞く場にもなっています。そして、その意見を反映しながら技術や商品の改良を進め、再び市場に提供していく。

積極的に営業を行うようになって以降、当社の開発の流れがこうした形に変化してきており、「確実に売れる商品」を提供できるようになってきています。

社長と社員で、お互いの営業スキルを切磋琢磨し続ける

●社長と社員が一緒に学ぶことの効果

ランチェスター戦略による営業は、社長と社員が一緒になって行うのが特徴です。以前は別々に行っていましたが、社員がお手本通りにきちんと実践できていないのを見かねて、見張り役も兼ねて「一緒に動く」形にしました。

社員からすれば、社長自ら「見張り役」となってやりにくいかな……と思いきや、意外とそうではないようで、むしろプラスの効果があったようです。

というのも、社員よりも早くランチェスター戦略を学んだといっても（しかも社員たちと異なりマンツーマンで）、私とてそんなに上手にお客さまの前でお手本通りの「トーク」が展開できるわけではありません。

社員たちと一緒に回っていると、結構、失敗したりもします。同行営業をしていると、社員たちはそんな私の姿を見るわけです。

それがどうも彼らのモチベーションを上げる効果があるようで、**「社長もあの程度か。だったら自分も負けていられない」となぜか頑張ってくれる**ようなのです。

社長という立場上、社員の前で失敗を晒すのはどうかという意見もあるかもしれませんが、それで彼らがモチベーションをアップしてくれるのなら、これもありかなと思っています。

また、私自身、社員たちに見られている分、「次は失敗しないぞ」と猛練習をします。その結果、少しずつですが、営業スキルが上達します。

社員と社長とが一緒に動くことには、こういう相乗効果もあるのだと実感しているところです。

社長と社員が同行する他のメリットは、**「社長と社員のコミュニケーションの機会が増える」**こと。

同行営業をしていると、その間、社員とたくさんの会話をします。

その際の話題は、その時々の「お客さま訪問」の反省のほか、仕事での悩みや、社員本人やその家族の話題など多岐にわたります。

こうした会話ができることは、営業以外のメリットもあり、社内のコミュニケーション活性化という意味でも、「社員と社長が一緒に営業をする」ことの成果となっています。

利益を生み出すお金の使い方とは

●「死に金」から「生きたお金」の使い方に

当社の技術開発は「プロダクト・アウト」から「マーケット・イン」へと転換を遂げました。

こうした変化を通じて、以前の当社のお金の使い方がいかに「死に金」だったのかに気づかされました。

というのも、「プロダクト・アウト」の場合、市場のニーズは二の次です。「お客さまがほしいもの」よりも、「こちらがつくりたいもの」が優先されて、商品や技術の開発が行われます。

そのため、いざ市場に商品や技術を提供したとき、お客さまから見向きもされず、結果的に「売れない」状況が起こりがちです。

こうなると、開発にかけたお金は何ら「利益」を生まず、それどころか「損失」となって経営を圧迫してしまう。これはまさに「死に金」です。

現在は、開発の方法を「マーケット・イン」に転換。さまざまな方法でお客さまからの情報を大量に集め、そこから「市場のニーズ」を分析・把握し、それをベースに開発を進める形をとっています。

その結果、「プロダクト・イン」で開発していた頃に比べ、「売れない」という状況が激減。「売れる」商品や技術を市場に提供できるケースが増えていったのです。

お客さまに買っていただければ、そこにかけたお金を回収しやすくなりますし、うまくいけば利益も出ます。こうなると、そこにかけたお金はまさしく**「生きたお金」**と言っていいでしょう。

「死に金」から、「生きたお金」の使い方に――。

「プロダクト・アウト」から「マーケット・イン」への転換は、当社のお金の使い方にも、こうした変化をもたらしてくれました。

●「お金は使わないと入ってこない」を実感

こうした「生きたお金」という発想は、いまや私の中にかなり強くインプットされていて、「お金を使うか・使わないか」を決める判断基準になってきています。

つまり、「これは、何らかの『利益』を生み出すことにつながる」と感じれば、使うことを惜しまない一方、その逆であれば一切、お金を使わない。

こうしたメリハリのあるお金の使い方が今ではかなり習慣化され、板についてきているように感じます。

といっても、財布の紐がますます堅くなりケチケチしているわけではありません。むしろその逆です。

昔は「これは必要だろう」と思っても、「でも、１０００万円もするしな……」となかなか決断できずにいました。ところが今は、さほど躊躇せずに「必要なのだから、１０００万円なら、安い」と決断することのほうが多くなっています。

それは、「考えていたら間に合わない。チャンスを失う」ことがわかってきたからです。

さらに、ここ10年くらいの間に、「お金は使わないと入ってこない」という事実を、少しずつ体で覚えていったことも大きい。この「事実」はいまだに自分でも不思議なのですが、実際にそうなのです。

もちろん「何」に使うかは重要です。まったく売れない技術や機械の開発にお金を使えば、それは使うほどに減っていきます。

そのためお金を「使っていいもの」と、「使わないほうがいいもの」を選ぶセンスは重要です。そして、ありがたいことに、この10年間のさまざまな取り組みの中で、だいぶそのセンスが磨かれていったように感じます。「この投資は『生きたお金』になる可能性が高い」というのが、感覚的にわかるようになってきました。

こうしたことがだんだんと見えてきているので、気前よくお金を使っているようで、実際は「締めるところ」はしっかりと締める使い方になっているのです。

会社のさらなる成長のために新規事業にチャレンジ

●今の状態が「ゴール」ではない

「人づくり」や「働きやすい環境づくり」に徹底的に取り組み、さらに近年は営業力も強化。当社ではこうした地道な努力が、ようやく実を結び始めてきました。

ただ、ここで安心してしまわないように、つねに肝に銘じているところです。

実際、土木建設業は、今後もどんどん成長し続ける産業かというと、たぶんそうではないでしょう。

政府の公共事業関係費は、小泉政権や民主党政権下での削減につぐ削減という状況ではなくなったものの、それでも下げ止まったままで推移しています。

そんな中にあっても、当社の稼ぎ頭である土木部門は奮闘していますが、かつてのように「仕事がつねに溢れている」状況ではありません。

また、人口減少時代を迎え、建築部門も決して安泰というわけではありません。長期的な視野に立つと、「先細り」という状況も予測できます。このことは、ケコム部門でもいえることです。

そうした中で、当社が生き残っていくには、土木建設業だけではなく、それとは別の**新規事業にも挑戦していく**必要があるというのが私の考えです。

●新規事業で利益を出し続けることの難しさ

じつは、新規事業の模索は今に始まったことではありません。私自身、ビジネスになりそうなアイデアを考えるのが好きなこともあり、これまでいろいろなアイデアを出しては検討してきました。

その中には、検討の結果、「儲からないビジネス」であることがわかり断念したものもありますが、実現にこぎつけて、現在も利益を出し続けているものもあります。

たとえば、**太陽光発電**、そして現在、当社の成長部門になってきている**バイオマス発電**などです。

太陽光発電は、２０１５年にスタート。自然エネルギーの需要の高まりを受け、会社に利益をもたらしてくれています。

バイオマス発電プラントの事業は、ケコム工法の技術を土木建設以外の領域で活用できないか検討している中で生まれた事業です。２０１４年にスタートし、現在、農業生産法人や乳業メーカー、大学、高等専門学校等と連携して事業を展開しています。

ケコム工法の立抗構築技術を用いて、廃棄物をメタン発酵させる槽を地中に設置。そこで発生したガスで発電するという仕組みで、メタン発酵槽が地中にあるため、四季を通じ温度が一定、地上の土地を有効利用できる、臭気などの環境への影響を最小限に抑えられるといったメリットがあります。

再生エネルギーのニーズは今後ますます高まっていくことが予想されます。そのため、太陽光発電もバイオマス発電も、当社にとっては期待できる事業です。

ただし、そこで安心して、前進への動きをストップさせてはいけません。なにせビジネスの世界ではいつ何時、何が起こるかわかりません。また、どんなにうまくいっている事業でも必ず成長が止まるときがやって来ます。そのことは、本業の土木建設業やこれまで挑戦してきた新規事業での経験から身に染みています。

だからこそ、「今」に安住せず、儲かっているうちに「次の手」を考え、挑戦し続けなければならない。それが、コプロスが生き残っていくために不可欠な姿勢だと私は考えています。

●社員からも新規事業のアイデアが出るようになってきた

こうした「つねに挑戦し続ける」姿勢は、少しずつ社員たちにも浸透してきているようです。

当社の新規事業は、社長の私が担当することになっており、これまでほとんどの新規事業は、私がアイデアを出し、社員を巻き込んで事業化していく流れになっていました。

バイオマス発電はケコム工法を使った新規事業

それに対して、最近では**社員からも新規事業のアイデアが出るように**なっています。実際に事業化にまでこぎつけたものもあり、その1つが、**STCの事業**です。

これは下関トレーニングセンターの略で、「建設業等で必要な資格とそのための技能講習を提供する」事業です。玉掛や小型移動式クレーンの登録教習機関の資格を取得し、現在、この事業を展開しています。今後、さらに提供できる資格を増やしていく予定です。

「私」発にしろ、「社員」発にしろ、新規事業が当社の売上に占める割合はまだごくわずかです。本業である土木やケコム、建築にはまったく及びません。ただ、さまざまに新規事業を模索・展開していく中で、本業と肩を並べるまでに成長する事業が誕生することを期待しています。

現在、土木、ケコム、建築の主要3部門については、どこかがおかしくなったときには、どこかが救うという体制が少しずつできあがってきています。この体制の中に入り得る新規事業を生み出し、育てていきたいというのが私の願いであり、それに向けて奮闘しているところです。

売上の「質」が変わってきた

●かつては「商品」で勝負する会社だった

人づくりや働きやすい環境づくりに取り組み始めて10年が経とうとしています。その間に、環境整備をはじめさまざまな制度を導入し、新規採用を増やし、社員教育に力を入れ、最近は営業強化も推し進めています。

これらのことを、多少の困難にぶち当たっても諦めず、粘り強く継続してきた甲斐あって、コプロスという会社の「総合力」はだいぶ上がってきたのではないかと感じています。

かつてのコプロスは、「商品」で勝負する会社でした。つまり、当社が開発・提供する「商品」が市場において強かったから、それなりの売上を出すことができたわけです。中でも強い商品力を持っていたのが、ケコム工法です。

この工法を開発した会社として、市場においてある時期までは圧倒的優位な立場をキープすることができました。その後、類似した工法が市場に出回るようになり、苦戦を強いられることもありましたが、それでもケコム部門はある程度の売上を当社にもたらしてくれましたし、今ももたらしてくれています。

そして、ここ10年は、ケコム工法だけに頼らずさらなる成長を目指し、人づくりや働きやすい環境づくりに注力してきました。その結果、当社は現在**「人」でも勝負できる会社へ**と変わってきています。

10年で利益が2倍になったのは、やはり「人材」がそろい、かつそれらの人材を効率的に活用できるようになったことが大きな要因です。

●「人材」と「商品」の相乗効果で、コプロスはまだまだ成長できる

その意味で、以前とでは、売上を生み出しているものの中身が違ってきていると強く感じます。

そして、このことから私が予感しているのは、当社にはまだまだ成長できる可能性がある、ということです。

つまり、**「人材」が強化されてきた現在、もともとの強みである「商品」も強化していけば、さらなる飛躍もあり得る**のです。

というのも、「経営」感覚を持って仕事を進められる社員が増えてきた結果、「売れる商品＝いい商品」という感覚で開発を進める環境が整いつつあるからです。

その1つの形が、「マーケット・イン」での商品開発。営業でお客さま訪問をしながら得たたくさんの情報から市場のニーズをとらえ、それを商品開発に活用していく。ランチェスター戦略に基づく営業がスタートしたことで、こうした流れで商品開発が行われる機会が増えています。その結果、以前よりも「売れる商品」を市場に提供できるようになっています。

さらに私は、その先の未来もイメージしています。それは、そうやって生まれた商品を、今度は「提案営業」という形で売り込み、そのときのお客さまの意見などを参考に、さらに市場のニーズに合致する形に改良をしていくこと。こうすることで、その商品をますます「売れる商品」へと成長させていくことができます。

こうした流れをうまくまわしていくには、当社の営業を担当する社員たちがよりスキルアップしていくことが必要です。そして彼らは一歩一歩、着実に成長してきています。営業に同行していて、そのことを強く感じます。

粘り強く社員教育を続けていく。そのことが人材の強化のみならず、商品の強化にとっても不可欠であり、コプロスのさらなる成長のカギを握っています。人づくりこそが、最強の戦略なのです。

おわりに

2022年、コプロスは新しい人づくりの取り組みを始めました。

2024年3月以降に大学を卒業する学生を対象にした「経営者育成コース」の採用活動です。

これは、将来、経営幹部になることを希望する人材を採用し、新卒1年目から、私をはじめとする経営層直轄のもと、さまざまな経験を積んで、最短・最速で成長してもらうというもの。

現在、当社は、会社としてさらに成長していくため、新規事業の取り組みと並行して、建築の周辺事業に関するM&Aを積極的に行っています。そして、こうしたケースで必要となるのが、合併・買収をした企業でリーダーシップをとり、経営のかじ取りができる人材です。

もしかすると、経験豊富な人材をヘッドハンティングして、M&Aをした会社を経営してもらったほうが手っ取り早いかもしれませんし、短期的には成果があがるかもしれません。ですが、それでは、M&Aの意味がないと私は考えます。

経営者育成コースで採用した社員、既存の社員を問わず、コプロスの価値観を身につけた人材を育て、その人材が新たに仲間に加わった会社で価値観を浸透させていきながら、また人を育て、成果をあげていく。これもまた、私たちが目指す人づくりの形なのです。

これからもコプロスは、まちをつくり、環境をつくり、人をつくり続けていきます。

最後までお読みいただき、ありがとうございます。ここまで述べてきた内容で、皆さまのお役に立つことが少しでもあれば嬉しく思います。

末筆になりましたが、当社のお客さま、ビジネスパートナーの皆さま、地域の皆さま、日頃より多大なるご指導をいただき、本書に推薦のお言葉をお寄せくださった、株式会社武蔵野の小山昇社長に、厚く御礼申し上げます。

そして従業員の皆さん、いつも私を支えてくれる家族の皆に、心から感謝いたします。

株式会社コプロス　代表取締役社長

宮崎　薫

著者紹介

宮﨑　薫（みやざき・かおる）

株式会社コプロス代表取締役社長
1958 年、山口県下関市生まれ。武蔵工業大学（現・東京都市大学）工学部卒業。米国建機会社で働いた後、父が経営する株式会社共栄土建（1991 年に株式会社コプロスに改称）に入る。1995 年より現職。工学博士。
コプロスは、創業 1946 年の「メーカー型総合建設業」。地元・下関のシンボル「関門橋」の施工を手がけるなど、多彩な土木・建築事業に取り組む一方、積極的な技術・工法の開発と導入に取り組む。とりわけ特許工法である「ケコム工法」は、国内では公益社団法人日本推進技術協会「黒瀬賞」、海外では国際非開削技術協会「No-Dig Award」を受賞するなど、世界一の技術として高く評価されている。また、近年ではケコム工法を応用して、地中に廃棄物をメタン発酵させる槽を設置するバイオガスプラントを開発するなど、さらなる分野への挑戦を続けている。

●株式会社コプロス
本社　山口県下関市長府安養寺1-15-13
https://copros.co.jp/

採用《さいよう》、教育《きょういく》、環境《かんきょう》づくりで利益《りえき》2倍《ばい》！
会社《かいしゃ》が変《か》わる人《ひと》づくり　〈検印省略〉

2023年　1　月　21　日　第　1　刷発行

著　者——宮﨑　薫（みやざき・かおる）
発行者——田賀井　弘毅

発行所——株式会社あさ出版
〒171-0022　東京都豊島区南池袋 2-9-9 第一池袋ホワイトビル 6F
電　話　03（3983）3225（販売）
　　　　03（3983）3227（編集）
F A X　03（3983）3226
U R L　http://www.asa21.com/
E-mail　info@asa21.com

印刷・製本　文唱堂印刷株式会社

note　https://note.com/asapublishing/
facebook　http://www.facebook.com/asapublishing
twitter　http://twitter.com/asapublishing

ISBN978-4-86667-314-1 C2034